# 건축 십계명

이
종
건

yeon
doo

차례

I.
건축 십계명

# 때가 이르매

성경에는 "때가 이르매"라는 구절이 많이 나온다. 예컨대 사도 바울의 말을 성경은 이렇게 기록하고 있다. "우리가 선을 행하되 낙심하지 말지니 포기하지 아니하면 때가 이르매 거두리라.(갈라디아서 6:9)"

『건축 십계명』이라는 제목으로 이 책을 내는 것은 건축 선생과 건축 비평가로서의 '나의 때'가 이르렀기 때문이다. 마침내 선생 역할을 끝내고 오랜 세월 목구멍 포도청에 저당 잡힌 나의 자유를 온전히 되찾는 시간이 임박하면서, 이제는 건축에 대한 나의 이러저러한 생각을 정리해 세상에 내어놓을 때다. 건축 비평가라는 이름으로 이러저러한 글을 통해 남의 작품과 우리 건축 사회에 대해 어느 누구에게도 지지 않을 정도로 많이 이러쿵 저러쿵 해댄 나로서는, 그리하는 것이 그저 온당한 책무라 여긴다. 이로써 나는 이제 어떤 사회적 책무로부터도 자유로울 시간이다. 선생과 비평가의 자리를 벗어남으로써 나의 완전한 삶을 위한 조건이 흠 없이 열리는 셈이다. 홀가분하고 기쁘기 짝이 없다.

이 책을 구성하는 것은 세 부분이다. 1) 건축에 대한 나의 신념을 담은 건축 십계명, 2) 올해 『와이드』가 요청한 '젊은 건축가에게 보내는 편지'를 고쳐 잡은 '젊은 건축가를 위한 생각' 다섯 개, 그리고 3) 『건축평단』에 기고한 글 중 우리 당대의 건축이 나아가야 할 방향에 대해 숙고한

다섯 개의 원고. 『와이드』와 『건축평단』의 독자들은 첫 부분이 새로운 글이어서 필히 일독하기를, 나의 다른 글들도 읽기를 그리해서 언제든 어느 때든 수정이나 비판을 담은 생각을 메일 dogsooga@naver.com로 보내 주길 청한다. 배움을 얻는 것은 큰 기쁨이며, 회신을 약속한다.

건축가로 사는 일은 어렵고 고단하다. 다른 방식이긴 하지만, 비평가도 그렇다. 그런데 참으로 가치 있는 일치고 그렇지 않은 것이 있던가. 무거워 내려놓고 싶은 생각이 때때로 들지 않은 것이 있던가. 건축 불모의 이 땅에서 물질로써든 글로써든 건축에 정진하는 모든 건축인에게 깊은 존경과 큰 애정을 바친다.

이종건
코로나바이러스가 세상의 축을 장악한 2020년 가을
안산 아래 무악재에서

# I.
# 건축 십계명

# 십계명의 변

감히 '십계명'이라는 종교 용어를 쓴 것에 대해 우선 넓은 아량과 양해를 청한다. 행여 그로써 신성 모독을 느낄까 크게 염려된다. 그러니 먼저 고백으로 밝히건대 내가 여기 제시한 글의 단 한 문장도 종교적 계율의 뒤꿈치를 따라갈 정도가 아니다. 그렇기는커녕 그 그림자를 시늉 낼 수준조차 아니다.

'그럼에도' 계명이라는 말을 감히 빌려 쓰기로 작정한 것은 필자는 쓰는 동안, 그리고 독자는 읽는 동안 양측 모두 정신을 좀 삼가기를 주문하는 마음에서다.[1]

일상의 언사 하나 중하지 않은 것이 없겠지만, 우리는 (삶의 엄청난 에너지를 요구하는) 건축을 그 수준의 긴장감으로 대한 적이, 그 층위의 높이나 깊이에서 생각하거나 실행해온 적이 아마도 전혀 없을 것이기 때문이다.

내가 건축의 계명을 열 개 쓰게 된 것은 의도적으로 십계명에 맞춘 것이 아니다. 오랫동안 심중에 둔, 그래서 사회적 자리를 벗어나는 이 시점에 꼭 하고 싶은 말들을 웬만큼 꺼내다 보니 그리 되었다. 그리고 정확히 말해 '규범 열 개'라고 해야 옳을 다음의 글은 엄밀히 말해 규범의 수준에도 못 미친다. '그럼에도' 내 심중의 말들을 굳이 십계명의 형식에 담은 것은 이제 교수직을 은퇴하면서 내가 그동안 선생이라는 자리에서 이런저런 꼴과 짓으로 말하고 행동해온 건축에 대한 여러 생각의 줄기를 간명하게 정리하고 싶어서다. 정확히 말해 내가 쓴 '건축 십계명'은 내가 '건축가'로서나 '비평가'로서 중히 여기는 건축 실천의 가치들이라고 할 수 있겠다. 그러니 독자들은 이 글을 결코 계율을 대하듯 하지 말고 내가 그 수준으로 설정한 것으로 여기고 받아들여 각자 자신의 규범들을 만들어보거나 암묵적으로 생각해온 자신의 마음속 언어들과 견줘보면 좋겠다.

짓는 것은 더디고 어렵지만, 허물기는 빠르고 쉽다. 그런데 쉬 무너질 구조물일지언정 한 번 만들어두면 가치가 생긴다. 쓸모도 여러모로 발견한다. 나쁜 부분은 수선해가며 유용성을 이어가거나 품질을 개선할 수도 있겠고, 다음에 다시 한 번 더 지을 때에는 분명히 큰 도움이 될 것이다.

강단을 떠나는 때에도 여전히 설익은 언어로 정리한 나의 건축-짓기 생각에 대해 독자 제현의 가차 없는 질책을 청한다. 귀중한 거름일 것이다.

---

1   우리 세상은 나날이 천박해진다. 말의 타락이 가장 큰 징표다. '영끌'이며 '동학' 심지어 '서학'이라는 말들을 돈벌이 공간에 마구 써댄다. 돼지무리에 진주를 뿌리는 격이다. 부디 '십계명'이라는 참으로 성스러운 말의 힘에 기대는 의도를 감안해 나 또한 그와 다를 바 없다 질책할까 두렵다.

버스정류장, 설천면, 무주(2007년)(건축가 정기용)

# 첫째 계명.
## 윤리성 안에 머물라


'윤리성'을 지닌 건축은 '윤리적인' 건축과 같으면서도 다르다. '윤리성'과 '윤리적인 것'은 다른 개념이기 때문이다. 때로는 혹은 종종 윤리적인 것이 비非윤리적이며, 비윤리적이거나 반反윤리적인 것이 오히려 윤리적이다. 그리고 윤리성을 머금은 건축과 그렇지 않은 건축은 차원이 다르다. 전자가 건축의 전 영역에서 윤리(도덕)의 감각을 날카롭게 대면한다면 그리하여 그로써 건축 작업에 앞서 삶의 방식을 골똘히 생각하도록 한다면 후자는 그것을 방관하거나 간과하게 하고, 그로써 건축이 어떤 식으로든 나와 너의 삶에 영향을 미친다는 사실을 깊이 고려하지 않도록 한다.

우리가 무인도에서 홀로 살지 않는 한 그러니까 다른 사람(들)과 함께 사는 한 '윤리감'(윤리의 감각)은 필수다. 너와 내가 서로 '적어도 불쾌하지 않게' 함께 살아갈 수 있는 것은 바로 그것 덕분이다. 따라서 사적 영역과 공적 영역 모두에 걸친 건축은 윤리감 없이는 성립할 수 없다. 그것 없이는 '더럽고 추한 세상'을 '더 더럽고 더 추하게' 만들 공산이 크다. 그것이 빠진 건축은 일반적인 상행위에 불과하다. 건축은 대개 클라이언트의 요구로 비롯하지만, 그 요구를 해결하거나 만족시키는 것으로써 끝나거나 완성되지 않는 것은 건축을 윤리의 책무가 수반되는 전문(프로페셔널) 직능으로 설정한 (서구) 사회의 합의 덕분이다. 법과 의술 또한 그렇다.

그렇다면 윤리란 무엇이며 윤리는 어떤 것을 문제로서 다루는가? 윤리는 '세계 내 존재로서'의 개인의 행위를 지배하는 원리(이자 그것을 다루는 앎의 영역이)다. 따라서 윤리의 문제는 개인의 삶의 방식과 그가 속한 공동체의 삶이 관계되는 지점에서 비롯해 한 개인이 공동체에 해를 끼치거나 공동체가 개인의 삶의 행위를 제한할 때 발생한다. 그리고 '좋음'과 '올바름'이라는 두 가지 가치를 숙고의 기준으로 삼는다.[1]

윤리의 문제가 종종 까다롭고 어려운 것은 '좋음'과 '올바름'이 종종 상충하기 때문이다. 외국인 노동자를 차별하는 것이 공동체의 삶에 좋을(이익일) 수는 있겠지만, 옳은(정의로운) 행위는 아니며 나쁜 권력과 악법도 단순히 법이라는 이유로 지키는 것이 질서 유지에는 좋아도 딱히 옳은 행위라 하기 어렵고, 때로는 공동체의 규범에 불복종하거나 맞서 그것을 바꾸기 위해 애쓰는 것이 정의로운 행위일 수 있다. 무고한 뭇 생명의 살상을 막기 위해 폭탄을 설치한 테러리스트를 붙잡아 고문하는 것은 그로써 참사를 막(으려)는 것은 좋은 일이지만, 인간이 인간에게 폭력을 가하는 고문은 결코 옳지 않다. 이러한 사태에 개입하는 행위가 윤리적인지 아닌지 가리는 것은 테러리즘의 시대에 사는 우리가 언제든 어디서든 직면할 수 있는 현실적으로 매우 다급한 문제다. 그에 반해 건축의 윤리 문제는 급박성이 훨씬 덜하다. 그런 까닭에 수시로 숙의와 연구, 그리고 대화와 토론의 주제로 삼아야 하는데도 (심지어 대학) 담론의 영역 변두리 혹은 바깥 어디쯤 내팽겨져 있다.

건축에서 윤리의 문제는 대개 사적인 것과 공적인 것을 구분하는 문제
와 직결된다. 자유민주주의 사회의 시민은 누구든 법이 정하는 한도 안
에서 자신의 사유물(땅과 건물)을 자유롭게 공작할 권리를 갖는다. 그
런데 그렇다고 해서 다른 사람들에게 불편이나 불쾌감 더 나아가 해를
끼칠 수 있는 것은 아니다. 개인이 누릴 수 있는 자유는 오직 그가 처한
(사회적) 상황 안에서 가능하기 때문이다. 반면 상황은 오직 개인(들)의
자유(로운 결행)에 의해 바꿀 수 있다. 그런 까닭에 부당하다고 여기는
상황에 대해서는 불복종, 저항 혹은 반항이 필요하다.

윤리의 지향점은 결국 개인의 실존과 개인을 둘러싼 세계의 조화로운
균형 혹은 병존이다. 거기에 대한 판단은 보수(자유)와 진보(평등)의 이
념에 따라 180도 다르다. 건축은 도시를 만들기 위해 전통적으로 후자
에 따른다. 전자는 곧장 투기를 초래할 공산이 크고, 그로써 도시 질서
를 형성하려는 모든 시도를 무력화하기 때문이다. 그러므로 건축 윤리
의 쟁점은 공적 영역을 위해 사적 행위를 얼마나 그리고 어떻게 제한할
지로 수렴된다. 우리(건축) 사회는 그 문제를 아직 공론에 제대로 부친
적이 없다. 땅과 하늘과 공기(와 풍경) 등 '공공재'를 규정하고 확보하는
것이 핵심이다. 당장 개인의 건축 행위가 이웃의 통행을 불편하게 하거
나 경관을 막거나 더 나아가 (예컨대 건설 폐기물 생산이나 과도한 냉난
방 장치로) 지구 환경을 악화하는 것부터 의제로 다뤄야 한다. 구체적
으로 도심가로에 위치한 빌딩은 도로에 면하는 방식과 외관(의 재료와
형태)을 규제할 방안을 마련해야 한다.

---

1   아리스토텔레스는 좋은(행복한) 삶을 윤리의 궁극 가치로 삼지만, 알랭 바디우는 윤리가 복
    무해야 할 것은 진리밖에 없다고 했다.

개인의 자유도 무척 중요하다. 우리(건축) 사회는 여러모로 미성숙해 그것을 품을 도량이 없다. 그 문제에 대해 발언하고 대화하고 토론해본 경험이 없다. 그래서 심사든 심의든 권력의 자리를 차지하면 자신의 경직된 가치관을 일방적으로 강제하기 일쑤다. 스티븐스W. Stevens의 시 「Thirteen Ways of Looking at a Blackbird」를 떠올리게 하는 「Thirteen Ways」에서 하비슨R. Harbison이 열세 가지 방식으로 현상하는 건축을 해명한 것처럼 건축이 존재하는 방식은 여럿이며 우리 또한 각자 원하는 방식으로 건축할 수 있는 있는데도 말이다. 건축이 조각일 수도, 시일 수도 있는데도 말이다. 우리는 '각자 그리고 함께' 좋은 삶을 살기 위해 자유가 절대적으로 필요하다. 우리는 세상의 유행이나 경향이나 대세로부터 자유로워야 하지만, 특히 이념의 억압으로부터는 더 그렇다.

'공동선'이라는 아름다운 말은 결코 아름답지 않은 결과를 초래할 여지가 농후하다. 역사, 취향, 교육, 개인적 특성 등 수많은 차이의 요인을 하나로 통일하고 수렴해 모두에게 유익하고 좋은 것을 찾는 것은 거의 불가능하기 때문이다. 나에게 좋은 것이 꼭 너에게 좋은 것일 수 없으며 그 반대도 마찬가지다. 모든 사람이 두말없이 동의하고 수긍할 수 있는 가장 좋은 세상(유토피아)을 그려내거나 실행하는 것은 지금까지의 역사를 보건대 단순히 불가능할 뿐 아니라 억압이다. 그에 반해 무엇이 나쁜 세상인지 우리가 사는 세상에서 걷어내어야 할 악의 요소가 무엇인지 가려내는 것은, 그리고 그것을 합의하는 것은 그리 어렵지 않다. 그뿐 아니라 억압으로 작용할 소지가 (거의 혹은 전혀) 없다. 따라서 건축이 세상을 더 좋게 만드는 데 복무해야 한다면 후자의 방식을 따르는 것이 옳다.

세상은 여전히 그대로이거나 더 나아지지 않거나 도리어 더 나빠진다. 정치의 무능과 불구가 가장 큰 문제이지만, 사회가 위탁한 직능을 돈벌이 행위로 전락하는 프로페셔널(건축가, 의사, 법조인)도 그에 못지않게 책임이 크다. 프로페셔널은 클라이언트의 요구가 윤리에 어긋나거나 대치될 때 결코 수용해서 안 될 뿐 아니라 그것을 넘어 자신이 속한 세상을 챙겨야 한다. 윤리적 실천도 한 방안이지만, 윤리의 감각을 문제화하는 것은 한 차원 더 높은 윤리적 행위다. 그리함으로써 기성 윤리가 물화되어 이데올로기로 작동하지 않도록 돕는다.

장덕리, 화성(2002년)

# 둘째 계명.
## 해 끼치지 말라

건축의 가장 큰, 그런데도 흔히 범하는 위험은 건축이 마냥 좋은 변화를 낳는다는 착각이다. 건축 작업은 현재의 상태를 더 낫게 한다고 막연히 믿는다. 그렇게 해야 건축가는 자신이 수행할 작업의 활기와 열정을 얻을 뿐 아니라 어렵고 힘겨운 현실의 조건들을 마지막까지 뚫고나갈 수 있기도 하다. 문제는 건축가들이 그러한 근거 없는 긍정성에 갇혀 '건축은 파괴'라는 사실을 도무지 전제하지 않는 데 있다. '건축은 파괴'라는 아이디어는 학교뿐 아니라 어디서도 발화되지 않아 들어보지 못했기 때문이다. 그러므로 나는 여기서 반복해서 분명히 말한다. 건축은 근본적으로 파괴로 성립한다. 더 간단히 건축은 파괴다.

모든 것이 상품으로 변해버린 소비 사회는 판매 경쟁력과 수익률을 높이기 위해 생산가生産價 절감에 집중한다. 더 싼 재료와 더 싼 노동력을 끝없이 구한다. 게다가 기업들과 업자들은 자신들이 생산하는 상품이 자연과 인간에게 미치는 해로운 효과는 은폐한 채 오직 소비 획책만 신경 쓴다. 상품으로 전락한 음식은 인간이 아니라 돈을 벌기 위한 도구다. 외국에서 들여온 싼 양념들과 싼 재료들을 인건비가 싼 종업원들을 부려 만든 음식 '상품'은 소비자의 건강을 증진하기는커녕 해친다. '무설탕'이라는 표기가 뜻하는 것은 설탕을 첨가하지 않았다는 것뿐 그 대신 액상 과당이나 인공 감미료 등을 사용했다는 사실을 드러내지 않는다. '무지방'(지방이 전혀 없는 것이 아니라 일정 수준 이하라는 뜻)이나 '저지방' 식품은 대개 당분이나 다른 물질들이 첨가되지만, 그것을 (의도적으로) 밝히지 않는다. '무염분'은 소금 대신 간장을 사용하고, '무가염' 이란 염분이 없다는 것이 아니라 제조 과정에 염분을 별도로 첨가하지 않았다는 사실만 적시할 뿐이다. '제로 칼로리'(이 또한 디카페인 커피가 카페인이 전혀 없는 것이 아니라 일정 수준 이하라는 뜻이듯 칼로리가 일정 수준 이하라는 뜻) 음료는 설탕 대신 사카린이나 수크랄로스 등 인공 감미료를 쓴다.

소비 사회는 건축가와 의사와 법조인도 그냥 두지 않는다. 소명 의식은 사라진 지 오래고 최소한의 윤리 감각마저 쉬이 뺏어간다. 건축가로 살아남기 위해 혹은 다른 건축가들을 앞서기 위해 혹은 더 나쁘게는 단순히 생계를 꾸리거나 더 나은 물질적 부요를 위해 프로페셔널 또한 자신의 시장을 개척해야 하고, 만들고 키워야 한다. 그 구조 안에서 건축은 알게 혹은 모르게 상품으로 변해간다. 상품은 상품의 논리를 따르는 법. 그리하여 음식 상품이 그렇듯 해로울 수 있을 사태의 가능성이 관심에서 밀려난다.

건물 재료들은 겉보기에 그럴 듯하고 가격과 쓰기가 편한 만큼 독성이 더 많을 공산이 크다. 우리는 수입된 물량 중 80퍼센트 이상의 석면 물량을 방수, 단열, 차음, 난연 등을 위해 지붕, 바닥, 벽, 천장 등에 써 왔다(개발도상국이라 일컬어지는 많은 나라는 여전히 사용 중이다). 시멘트(와 콘크리트)의 유독성 문제도 여전히 석연치 않으며, 거의 모든 도료, 벽지, 합판, 접착제, 단열재, 합판 등에는 유독 화학 물질인 포름알데

히드가 포함되어 있다. 국립환경과학원(2004년부터 9년간 국내에 시판된 실내 건축 자재 오염 물질 방출량 조사)에 따르면 KCC, LG화학 등 신뢰를 생명으로 삼는 기업들의 자재도 예외가 아니다.

무언가를 건립하는 건축은 먼저 대지를 훼손한다. 단지 자본을 증식하기 위해 멀쩡한 건물을 파괴하기도 한다. 그로써 엄청난 폐기물을 생산한다. 자연 환경을 해친다. 환경에 의존하지 않는 생명은 단 하나도 없으니 인간이 마치 자신이 사는 집을 훼손하는 꼴이다. 그러므로 나는 건축가의 궁극적인 목적은 낙원을 창조하는 것이라는 현대 건축의 거장 알토Alvar Aalto의 말에 빗대어 감히 이렇게 주장한다. 건축의 궁극적인 목적은 지옥을 제거하는 것이다. 그리하기 위해 우리는 건축이라는 이름으로 인간과 자연에 해를 끼치는 행위를 삼가야 한다. 이탈리아 건축가 스노치Luigi Snozzi의 다음의 말은 매우 웅변적이다.

"들판에 집을 짓더라도 너는 무언가를 파괴해야 한다. 기초를 만들기 위해 설령 40센티미터를 들어내더라도 말이다. 너는 당근과 감자 등을 키울 수 있는 곳의 가장 중요한 부분을 절토하는 중이다. 만약 집을 디자인하고 있는 사람이 가치를 갖는 것들, 곧 감자와 홍당무 등을 키울 수 있는 땅의 가치를 대체할 수 없다는 생각이 들거든, 그러니까 그 땅을 다른 가치(지금의 경우 건축)로 대체할 수 있다는 생각이 들지 않거든, 연필을 내려놓아야 하고 건축가가 되어서는 안 된다. 땅의 가치를 대체하는 것이야말로 건축가의 책임이다. 왜냐하면 우리는 원하든 원하지 않든 파괴하고 있기 때문이다."

건축가들이여, 건축이라는 이름으로 사람과 지구 환경에 끼칠 해를 생각하라.

삼선동, 서울(1999년)

## 셋째 계명.
## 빼라

건축은 감옥이다. 달리 말해 인간이 지은 건물은 모두 감옥이다. 그것을 구상하고 설계한 사람이 자신의 구도와 다르게 생각하고 다르게 움직이고 다르게 사는 사람들을 구속하기 때문이다. 다른 감각들을 배제하기 때문이다. 그러니까 좀 심하게 말하자면 우리 모두 타인의 감옥이다.

그런데 '인간이 지은 모든 건물은 감옥'이라는 말은 "타인은 지옥Hell is other people"이라는 사르트르의 말과 그리 다르지 않은 것 같지만, 그렇지 않다. 사르트르가 타인을, 나의 삶을 '대상화'해 판단하고 감시하고 침해하는, 그래서 옥죄고 구속하는 존재로 보는 반면, 건축가인 나는 타인을 나의 존재로써 침해하면 안 될 귀중한 존재로 본다. 사르트르에게는 타인이 나의 감옥이라면, 나(건축가)에게는 내가 타인의 감옥이다.

타인은 우리에게 삶의 가장 큰 목적 중의 하나인 사랑의 대상이다. 그러한 까닭에 우리는 타인의 삶의 지평을 새롭게 열어주거나 확장해주지는 못할망정 인식이나 취향 등 우리 자신의 한계를 망각한 채 사랑이라는 이름으로 상대를 나의 방식으로 파악해 좋음과 나쁨, 옳음과 그름을 판단하고 심지어 간섭(하고, 바꾸려 하고, 통제하려)한다. 나의 틀을 권할 뿐 아니라 강제하기도 한다. 사랑은 탈脫중심(에고)이라고 하지만, 우리가 우리 자신 바깥으로 나가는 것은 무척 어렵다.

이 지점에서 요즘 우리 사회가 그토록 주창하는 '공감'에 대해 잠시 생각해보자. 역지사지처럼 상상을 통해 잠시 타인이 되어 보는 것 말이다. 스타니슬랍스키K. Stanislavsky가 제시한 '메소드method 연기'로 자신을 타인의 생각과 감정에 고스란히 동화하는 행위다. 나는 그것이 근본적으로 불가능하다고 생각한다. 그러한 행위는 오직 자신을 잠시 자의식 없는 수용 기관으로 변모해 타인의 말을 어떤 의심이나 비판 의식 없이 그대로 받아들이고 반응하는 수동적 모사기가 되는 것이라고 생각한다. 그런데 이 생각을 접고 백보 양보해 우리가 설령 연극계의 수호 성인인 로마의 제네시오Genesius처럼 타인(우리가 상정한 인물)과 완전히 동화할 수 있다손 치더라도 그 행위가 낳는 긍정적 가치는 무엇인가? 타인의 그림자로 잠시 머물며 타인의 생각과 감정을 그대로 받고 그대로 돌려줌으로써 잠시 타인에게 심리적 위안을 주는 일종의 진통제 역할 말고 무엇이 더 있는가? 한마디로 타인의 편에 서주는 것이다. 그로써 타인은 자신을 되돌아본다든지 다른 관점에서 자신을 살펴본다든지 하는 방식으로 자신의 한계를 확인하고 더 나아가 한계를 넓힐 수 있는 가능성을 전혀 갖지 못한 채 그저 자기 확인밖에 할 수 없다. 게다가 '공감' 행위는 비판이나 윤리의 감각을 중지하는 것이어서 의인이든 악인이든, 타인이 옳든 그르든, 그저 그것을 강화할 따름이다.

건축가에게 (특히 공적 차원에서) 요청되는 것은 공통 감각common sense 이다. 공감이 아니다. 건축의 향유자는 특정한 개인(클라이언트)의 전유물일 수 없기 때문이다. 설령 단 한 명이 살 집이라 하더라도 그리고 거기에 더해 그의 요구를 건축가가 백퍼센트 정확히 실현해낼 수 있다손 치더라도 그도 우리도 차후에 변덕하고 변할 것이기 때문이다. 인간과 인간을 둘러싼 환경은 시간이 흐르면서 변한다. 시간은 인간의 것이 아니다. 신의 것으로서 인간을 초월한다.

우리 인간은 숙명적으로 한계 지어진 존재다.[1] 우리 자신의 이성, 감성, 상상력의 크기만큼 생각하고 느낄 뿐 아니라 그 한계 안에서 말하고 행동한다. 한 개인이 믿는 (절대) 진리는 그의 이성(과 감성)의 한계, 그러니까 그의 능력 안에서 판별하고 받아들이는 진리일 뿐이다. 그런데도 그는 자신의 한계를 망각한 채 다른 사람들도 그것을 진리로 믿는 것이 옳다고 생각한다. 그러므로 중요한 것은 우리의 앎이 결코 온전하지 않다는 것, 그리고 그런 까닭에 우리의 구상에 따라 지어내는 사물은 우리의 한계에 갇힐 수밖에 없다는 사실을 수시로 인식하는 일이다.

우리의 사태가 그러한 까닭에 건축가가 새겨 따라야 할 것은 이것이다. 자신의 구상(디자인)을 줄이고 줄여 최소 상태로 만들어라. 자신이 판단하기에 필요한 것들과 좋은 것들로 스케치하고, 그리고 거기서부터 그 모든 것이 하나하나 진실로 필요한 것인지 거듭 자문하며 없애 나가라. 그리고 남겨진 모든 여지는 자신을 넘치는 것, 그러니까 자신 바깥의 낯선 것, 미지未知의 것, 감히 단언이나 확언할 수 없는 애매모호한 것 등이 차지하도록 자리를 내어줘라. 다르게 말해 'no-design'의 디자인인 셈이다. 게다가 건축은 지어내는 데 엄청난 에너지를 요구한다. 오캄의 면도날처럼 큰 차이가 없으면 에너지를 적게 소모하게 하는 것이 만사

---

1  좀 더 넓게 말하자면 인간은 인간을 벗어나지 못한다. 이른바 니체의 인간주의(anthropomorphism)가 뜻하는 것이다. 인간은 만사를 인간의 관점에서 보고 다룬다. 신을 포함해 만물을 인간처럼 여긴다.

와 만인에게 유익하고 좋다. 건축은 더하기가 아니라 빼기다.

송림동, 인천(2012년)

넷째 계명.
대지 위에 춤춰라


상품은, 그리고 세상의 패션(트랜드)은 구식이 되기 위해 머무는 잠깐의 새로움이다. 상품의 수명은 새로움이 다른 새로움에 의해 대체될 때까지 머무는 잠정적 시간이다. 경제력과 소비 사회의 문명화 수준은 신상품 사이클이 결정한다. 디자인, 예술, 심지어 철학마저 새로움이 없으면 퇴물로 전락한다. 새롭지 않은 것은 누구도 욕망하지 않는다.

일상은 반대다. 일상은 자명하고 단단하고 투명해 어떤 의심이나 배신이 없다. 그것 없이는 어떤 구조물도 세울 수 없는 기초이며, 어떤 꽃도 피울 수 없는 대지이며, 어떤 춤도 출 수 없는 무대다. 그것 없이는 우리가 잠시도 살 수 없는 공기다.

건축은 거주자에게는 일상적 관성, 관광객에게는 비일상적 사태다. 일상에 깃든 비일상적 사건이며, 비일상적 사건이 찾아드는 부동의 침묵이다. 뿌리 깊이 내린 나무가 장성하듯 우리가 비일상적인 사건을 능히 감당할 뿐 아니라 향유할 수 있는 것은 튼튼한 일상 덕분이듯 건축은 일상적인 것에 충실할 때 비일상적 몸짓이 아름답다. 기예의 고수는 모두 기본에 충실한 자들이다. 기본기를 온전히 체화하고서야 자신의 스타일을 찾은 자들이다. 새로운 것에 정신 팔기 전에 기본을 익혀라. 자신만의 스타일은 그 다음에 구하라. 온몸으로 철저히 기본기를 익혀라.

우리 건축 사회는 두 부류의 건축가가 절대 다수다. 한 부류는 허공에서 깨춤 추는 자칭 건축가다. 한때 오래 융성했다. 다른 부류는 기본이라기보다 전형을 깔끔하게 미장하는 자칭 건축가다. 요즘 대세다. 불안정한 일상(부실한 기초 체력)으로 비일상적 사건만 탐닉하는 자는 삶을 낭비하는 자이며, (쳇바퀴) 일상에 매몰되어 사건에 등 돌리는 자는 삶을 살지 않는 자다. 전자는 자신의 집은 폐허처럼 방치한 채 바깥 세상 다니느라 정신없는 자이며, 후자는 세상 변화에 무심한 채 자신의 집에 자신을 감금하는 자다. 전자는 과거는 망각한 채 신기술과 새로운 미래만 꿈꾸는 허황된 몽상가이며, 후자는 미래에 등 돌린 채 과거만 채굴하는 화석 탐사가다. 로스의 권고다. "전통적인 방식의 짓기 변화는 개선改善인 경우만 허락된다. 개선이 아니거든 전통적인 것에 머물라. 심지어 수백 년이 지난 진리라 하더라도 그것이, 우리 곁에 걷는 거짓보다 우리와 더 강한 유대를 지닌다."

삶은 문제 해결의 연속이다. 디자인 또한 문제 해결이다. 사물을 시각적으로나 혹은/그리고 촉각적으로 걸리적거림 없이 작동시키고, 그로써 우리가 매끄럽게 살게 하는 기술이다. 최고의 디자인은 최고의 정치처럼 자신을 드러내지 않는다.

'건축은 공학이 끝나는 지점에서 시작된다.'는 말이 옳듯 건축은 삶을 끌어안고서야 개시된다. 건축은 주어진 문제를 새로운 질서와 구도로 옮긴다. 혹은 번역한다. 그로써 문제를 해결하기보다 더 나은 혹은 더 높은 문제로 바꾼다. 그로써 더 나은 삶을 살도록 부추긴다. 그러니까 건축은 문제(삶)를 해결한 후 시작되는 것이 아니라 문제를 재료로 삼아 그것을 다른 형식(질서)으로 옮겨 무엇을 지어내는 포이에시스라는 것이다. 우리는 그 '무엇'을 '아르케'라 부른다. 장미라고 해도 무방하다. 건축은 견고(피르미타스)하게 만든 빵(유용성, 유틸리타스)과 장미(아름다움, 베누스타스)다. 그로써 몸뿐 아니라 마음과 정신을 만족하게 한다.

건축은,
질서에 담은 혼돈, 단수 속에 깃든 복수다.
목적지에 이르기 위한 움직임(수단)이 아니라
기쁨을 위한 움직임(목적)이다.
춤이요, 음악이다.
시다.
몸을 넘어 영혼이 숨 쉬는 공기다.

춤, 음악, 시, 그리고 공기.
이 모든 것은 정련된 기초 물질(하부 구조)에서 솟아난다.
훈련된 몸, 소리와 멜로디와 리듬, 언어,
그리고 (초)미세먼지 없음, 거기서 나타나는 기운이며 아우라다.

서생리, 소록도(2017년)(건축가 조성룡)

# 다섯째 계명.
## 세계에 참여하라

우리는 왜 짓는가? 무엇을 짓는가? 노동과 작업과 행위를 구분한 아렌트에 따라 대답하자면 세계를 영속하게 하기 위해서다. 그런데 우리가 아니라 '나'는 세계에 있으나마나한 존재다. 세계에 필수적이라거나 본질적인 존재가 아니다. 자연도 그렇고 세계는 '나와 아무 상관없이' 거기 있다. 카펜터스가 노래한 〈세계의 종말The End of the World〉은 가슴 아프고 슬픈, 그러나 부인할 수 없는 진실이다. "왜 해는 계속 빛나는가? 왜 바다는 해안으로 몰려오는가? 세상의 종말을 모르는가? 당신이 이제 나를 사랑하지 않기 때문에. 왜 새는 계속 노래하는가? 왜 별들은 위에서 빛나는가? 세상의 종말을 모르는가? 내가 당신의 사랑을 잃었을 때 세상은 끝났다. …" 세계는 저기 있고 나는 여기 홀로 세계 앞에 혹은 속에 내던져져 있다. 그리고 언제일지 모를 때, 세계와 무관하게 소멸한다. 실존의 이 불필요성, 우연성, 토대 없음은 우리의 삶을 무의미로 내몬다.

시인 롱펠로우H. W. Longfellow는 건축가를 부러워한다. 짧은 시간 출현했다가 사라지는 영화, 그림, 음악, 연극 등과 달리 건축가는 단단한 사물을 지어내기 때문이다. 건축가가 짓는 것은 생생한 현실로 존재하기 때문이다. 그가 지은 미술관은 늘 거기 있다. 그리고 거기서 특정한 삶(의 순간들)을 빚어낸다. 이 또한 자본에 따라 언제든 소멸할 수 있겠지만, 적어도 당분간은 하나의 특정한 현실로 엄연히 존재한다. "우리는 문명을 지었는데 이제는 쇼핑몰을 짓는다."고 한 우리 시대의 탁월한 이야기꾼 브라이슨Bill Bryson의 말처럼 설령 자본의 도구이기도 하겠지만, 그럼에도 때때로 빛나는 사물로 존재한다. 감독은 뭘 하느냐는 질문에 "도와준다."고 대답한 키에슬로프스키K. Kieslowski의 말처럼 건축가 또한 틀림없이 사람들이 (어떤 삶이든) 살도록 도와준다. 짓기의 의미를, 그리고 열정을 이 수준에서 유지할 수 있다면 다음 계명으로 넘어가자. 행여 그렇지 않거든 좀 더 서성이자.

네가 '진정한' 건축가라면 너는 클라이언트를 얻기 위해 짓지 않는다. 짓기 위해 짓는다. "지을 때 우리는 영원히 짓는다고 생각하자."라고 한 러스킨의 말처럼 우리는 짓고 또 짓기 위해, 오직 짓기 위해 짓는다. 건축가란 끊임없이 짓는 자에 대한 이름으로서, 그리하는 것이 건축가의 영혼에 따르는 길이며, 우리의 존재를 확인하는 길이며, 세계에 참여하는 길이기 때문이다.

"모든 훌륭한 건축적 가치는 인간의 가치"라는 라이트Frank Lloyd Wright의 말처럼 그리고 "방이 사람을 위해 있지, 사람이 방을 위해 있는 것은 아니다."라고 한 리시츠키El Lissitzky의 말처럼 우리가 짓는 것은 결국 사람을 위한 것이라는 점은 틀림없다. 하디드Zaha Hadid의 말처럼 사람들이 공간의 즐거움을 느끼도록 해주기 위해 짓는 것은 확실하다. 그런데 건축가는 거기서 더 나아가 짓기 행위로써 자신의 실존을 확인할 뿐 아니라 자신의 존재 역능을 확장할 수 있다. 그리하기 위해 타인이 절대적으로 요청된다. 타인과 교섭함으로써 세계의 객관성에서 소외되는 것도 피할 수 있으며, 자신의 주관성(자폐적 회로)에 매몰되는 사태도 피할 수 있기 때문이다. 짓기에서 그치는 것이 아니라 거기에 쏟은 생각과 감각 등 모든 삶의 에너지에 대한 응답을 얻음으로써 객관의 세계와 주관의 내가 비로소 대화의 장이 열리기 때문이다. 이야기하는 인간(호모 나랜스)은 오직 그로써 진정한 삶을 산다.

대화는 타자 없이 성립하지 않는다. 여기서 타자란 내가 알지 못하는 무엇, 아마도 영원히 알 수 없는 즉자에 가깝다. 거칠게 말하자면 건축가의 타자는 비평가(로 출현하는 자)다. 오직 그만 내가 지은 것에 '적극' 개입하기 때문이다. 다른 사람들은 모두 주어진 대로 인식하고 사용하고 경험하는 소극적 독자다. 그들은 내가 지은 것에 서성이는 혹은 감싸는 '지을 수 없는(없던) 것들'에 무관심한 까닭에 나에게 '더' 혹은 '다르게'를 요구하지 않는다. 대화는 같은 말과 생각을 주고받는 폐쇄 회로(동일성)가 아니라 다른 말과 다른 생각이 교차하는 쌍방향 발화(차이)다. 하나를 보는 두 개의 다른 눈이며, 하나를 만지는 두 개의 다른 손이며, 하나에 대해 다르게 생각하는 두 개의 다른 생각이다. 세계 속에 혹은 밖에 떠돌아다니는 존재인 우리가 마치 세계 속에 정박하고 있다는 착각으로부터 벗어나는 것은, 그리하여 다른 항해들, 다른 정박지들을 향해 떠나게 하는 것은, 오직 대화를 통해서다. 우리는 오직 그로써만 세계에 참여한다. 오직 그로써만 깜깜한 허공에 반짝이는 불꽃 형상과 공간이 주는 암브로시아와 넥타르를 맛본다. 비록 찰나일지언정. 아마도 평생 참고 인고해야 할 건축이라는 이름의 짓기를 이어갈 수 있는 열정은 거기서 얻지 않을까 싶다.

충신동, 서울(2010년)

# 여섯째 계명.
# 시적 감성을 함양하라


"이것이 저것을 죽이리라." 빅토르 위고의 『노트르담의 꼽추』의 한 장(章)의 제목이다. 책이 건물을 죽일 것이라는 뜻이다. 관점에 따라 수긍할 수도, 반박할 수도 있는 공언이다. 후대를 위해 남겨야 할 것은 더이상 건물이 아니라는 점에서는 옳다. 우리는 이제 후대를 위해 남길만한 건물을 지을 능력이 없다. 헤겔식으로 말하자면 건축은 '과거의 것'으로 남을 뿐이다. 그런데 불멸성이 기술의 문제로 넘어가버린 (이로써 종교 또한 심각한 도전에 직면한) 시대의 건축은 과거와 존재 형식이 다르다. 건축은 이제 시간의 문제가 아니다. 그 점에서 위고의 공언은 그르다. 건축은 양태를 바꿀 뿐 결코 죽지 않는다.

우리 시대의 건축 혹은 머지않아 도래할 건축은 과거의 건축과 전적으로 다르다. 모든 것이 이미지가 된 자본의 시대에, 건축은 성스러움이나 의례나 미학의 문제가 아니다. 속도와 인터넷이 공간을 장악한 기술 시대에, 건축은 장소의 문제도 아니다. 모든 것이 가상으로 변해가는 비대면의 시대에, 건축은 거꾸로 사물성의 문제로 회귀한다. 일상의 대부분을 스크린 앞에서 보내는 우리가 행여 어디를 간다면 그것은 어떤 유용성이 아니라 오직 '거기-있음'이라는 구체적 경험을 위해서다. 이미지가 제공할 수 없는, 사물과 만나는 생생한 경험을 위해서다. 마침내 하이데거가 사유한, 사물(질료)을 사물(질료)로서 나타나게 하는 건축[1] 의 과제가 우리에게 맡겨진 셈이다.

우리가 사물의 생생한 느낌을 갖는 것은 결코 흔치 않다. 매우 드물다. 일상의 삶을 지배하는 도구적 지각 때문이다. 사물은 도구성의 맥락에서 떨어져야 주목의 대상이 된다. 의미가 파악되는 즉시 사라지는 투명한 일상어와 달리 의미의 애매성 혹은 불안정 덕분에 지속을 고집하는 불투명한 시어처럼 일상의 사물은 거리의 파토스에 의해 비로소 사물성을 회복한다. 위드/포스트 코로나 시대의 건축은 시이거나 시의 아날로공analogon이어야 한다.

그런데 생생한 사물 경험은 바로 그 생생함 때문에 기억으로 간직하기 어렵다. '그때 거기'라는 특정한 상황과 맞물린 사건의 특이성 때문이다. 기억할 수 없는 것은 연기처럼 사라진다. 일회적일 뿐 속하지 않는다. 기억할 수 없는 것은 현실이 될 수 없다. 그에 반해 기억된 비일상적 경험은 재再경험의 욕구를 불러일으킨다. 혹자는 그것을 아름다움의 특성으로 규정한다. 거기에는 형식이 결정적이다. '이야기'는 탁월한 기억의 형식이다. 듣는 이가 화자가 되는 이야기 세계는 '반복'을 통해 점을 선으로 바꾸고, 시간과 공간의 간극을 건너 사람들을 징검다리로 삼아 휘어나가는 선들을 만든다.

평생 건축을 사랑한 니체는 정신을 온전히 놓치기 전에 건축을 '웅변술'이라고 썼다. "건축은 형태로 때때로 설득하거나 심지어 아부하는, 때때로 명령하는 일종의 웅변술이다." 설득하거나 아부하는 몸짓은 웅변적이지 않다. 명령도 그렇다. 비트겐슈타인은 '유혹에 넘어가느냐 저항하느냐'가 '좋은 건축가냐 형편없는 건축가냐'를 가르는 기준이라고 했다. 건축이 웅변술이라면 그것은 어떤 것을 위해 존재하는 도구나 방편이 아니라 효용의 세계로부터 떨어져 나온, 도구적 연관성이 소멸된 '고립된 사물'을 '더더욱 고립적이고 더 더욱 사물로서' 나타나게 하는 포이에시스, 곧 시작詩作일 것이다. 생생한 사물성의 경험을 기억할 만한 하나의 이야기로 구축하는, 현실적인 것에 저항하는, 냉혹한 현실의 계산 논리를 비껴가는 혹은 맞서는 픽션일 것이다. 건축이 시가 되는 사건은, 건축이 도래한 존재의 고향으로 돌아가는 건축 본래의 사태다.

---

1   마르틴 하이데거,『예술 작품의 근원-숲길』, 신상희 옮김, 나남, 2010, 62쪽.

별밤, 하조대(2012년)

# 일곱째 계명.
## 하늘의 별을 보라

"별이 총총한 하늘이 우리가 갈 수 있는 모든 길의 지도인 시대, 별들의 빛이 길을 비추는 시대는 얼마나 행복한가. 그러한 시대는 모든 것이 새로우면서도 낯설지 않고, 모험으로 가득하면서도 자신의 것이다. 세계는 넓지만 집과 같다. 영혼 속에 타는 불과 별의 그것의 본질이 같기 때문이다. 세계와 자아, 빛과 불은 선명하게 구분되지만, 피차 영원한 이방인이 되지 않는다. 불이 모든 빛의 영혼이며 모든 불은 빛으로 자신을 감싸기 때문이다."[1]

청년 루카치Georg Lukacs가 자신의 『소설의 이론』을 시작하는 문장이다. 루카치뿐 아니라 거의 모든 지식인이 생각하듯 "통합된 문명"은 단순히 과거의 것으로서 그것이 다시금 도래할 가능성은 전혀 없다. 문명이든 문화든 세계가 나아갈 길은 보여주는 지도나 좌표는 이제 우리에게 없고 앞으로도 없을 것이다. 그런데 그렇다고 해서 그러한 역운歷運이 한 개인의 실존적 삶마저 온전히 물들이는 것은 아니다. 러셀Bertrand Russell은 사랑과 앎과 인류애를 자신의 별로 삼아 그것들이 인도하는 길에 따라 한껏 살았다.

---

1 Georg Lukacs, *The Theory of the Novel*, trans. by Anna Bostock, The MIT Press, 1971, p.29.

"기억하라. 너의 발들을 보지 말고 고개를 들어 별들을 보라. 일하는 것을 결코 포기하지 말라. 일은 너에게 의미와 목적을 주며, 일 없는 삶은 공허하다. 혹시 네가 운이 좋아 사랑을 찾는다면 사랑이 거기 있다는 것을 기억하고 그것을 버리지 말라." 20세기를 대표하는 물리학자 스티븐 호킹이 한 말이다. 대학 졸업을 앞둔 21살의 호킹이 루게릭병에 걸려 2년의 시한부 삶을 진단받았을 때, 그는 자신의 청춘을 마비해버린 운명에 무릎을 꿇기는커녕 더 적극적으로 응전했다. 다가오는 죽음 덕분에 자신의 삶을 더 즐기게 되었다고 고백했다. 그때부터 76살에 죽기까지 그가 살아낸 삶의 업적은 무척 경이롭다. 일본의 영화감독 고레에다 히로카즈의 페르소나 기키 기린(본명은 우치다 케이코)도 비슷하다. 그 또한 61살에 암 선고를 받고서야 비로소 자신이 처음으로 어른이 되었다고 자각했다. "암에 안 걸렸다면 별 볼일 없이 살다가 별 볼일 없이 죽었을 거예요. 그저 그런 인생으로 끝났겠죠." 그는 도리어 암을 고마워했다. 그때부터 자신의 물건들을 포함해 자신이 판단하기에 본질적이지 않은 것들을 최대한 줄인 채 75살에 세상을 떠나기 전까지 자신이 사랑하는 일을 이어갔다. 호킹과 기키 기린, 이 두 사람은 불평하기를 거부했다. 호킹은 이렇게 말했다. "네가 만약 항상 화를 내거나 불평을 한다면 사람들이 너를 위한 시간을 내지 않을 것이다." 기키 기린은 이렇게 썼다. "내 안에는 '불평'이라는 말이 없어요. … 그저 지금 내 상황이 어떤지에만 집중하니까, 불평할 겨를이 없습니다." 이 두 사람은 또한 웃음을 소중히 여겼다. 호킹의 말이다. "재미있지 않다면 삶은 비극일 것이다." 기키 기린의 말이다. "부디 세상만사를 재미있게 받아들이고, 유쾌하게 사시길."

네가 '진정한' 건축가라면 건축을 너의 별로 삼아야 하리라. 뒤집어 말해 비단길이든 가시길이든 건축이 인도하는 길을 따라가는 '운명'을 진 자가 '진정한' 건축가다. 그런데 실패와 고통과 좌절이 없는 삶은 없다. 다만 그때 가던 길을 버리고 다른 길로 가거나 '그럼에도' 자신의 길을 끝까지 걸어가는 사람이 있을 뿐이다. 자신의 길을 도저하게 가는 사람에게 실패는 그 다음의 실패를 위한 징검다리다. 다음의 실패가 더 낫기를 희망하며 묵묵히 밟고 나가야 할 하나의 징검돌이다. 니체의 말 "그럼에도 결정적인 것은 발생하는 법이다."에서 '그럼에도'를 끌어안은 로스Adolf Loos는 그것을 자신의 책 제목『Trotzdem』(1931)으로 썼다. 그 말을 썼을 뿐 아니라 심지어 자신의 시대에 맞서 자신의 언명에 모순적인 건축하기[2]의 동력으로 삼았다. 미스는 대표작 〈Neue Nationalgalerie〉의 지붕을 '가공할 무게인데도'로 지었으며, 건축가의 삶을 영웅적으로 살다 간 건축가 아브라함Raimund Abraham 또한 〈Haus für Musiker〉를 그리했다. 아브라함은 이렇게 말했다. "건축은 기능적인 프로그램 때문이 아니라 오히려 그것인데도 발생한다."

건축가는 자신의 길 '앞에 놓인 덩어리problem'를 거듭 안고 가야할 시시포스Sisyphus다. 때때로 하데스까지 감히 내려가 자신이 소중히 여기는 것을 가져와야 할 오르페우스다. 건축가에게 중요한 것은 그것을 자신의 운명으로 받아들이는 정신이며, 그 정신을 견디게 할 사랑, 곧 별

---

2   아돌프 로스는 말년에 널리 알려진 자신의 명작 〈Müller House〉와 전혀 다른, 아마도 그런 까닭에 주목의 대상에서 완전히 제외된 〈Landhaus Khuner〉를 지었다. 그리함으로써 그는 페브스너, 기디온, 그리고 여타 건축 역사가가 현대건축운동으로 헤게모니를 장악해 승리를 거둔 '국제주의 양식' 혹은 '기계미학' 건축이라는 단선적 이념에 맞서 삶의 복합성과 모순성을 실천을 통해 관철해 나갔다.

이다. 니마이어Oscar Niemeyer[3]는 세상을 좀 더 낫게 만드는 것을 자신의 별로 삼았다. 세상이 아무리 어두워도 하늘에 별이 있는 법. 다만 뭇 사람들은 하늘을 보지 않을 뿐이다. 우리 모두 별에서 온 존재라는 사실에 무지한 채.

3　니마이어는 이렇게 말했다. "그래서 내 건축에 대해 네게 말하고 싶은 것은 이것이다. 내가 그것(내 건축)을 창조한 것은, 용기와 이상주의뿐 아니라 중요한 것은 삶, 친구, 그리고 이 불공정한 세상을 살기에 더 좋은 곳으로 만들고자 노력하는 것이라는 사실에 대한 인식을 또한 가지고서다.

아현동, 서울(2008년)

# 여덟째 계명.
# 기쁨을 나눠라

건축은 혼자 부를 수 있는 노래도, 혼자 출 수 있는 춤도, 혼자 쓸 수 있는 시도 아니다. '악보-합창(연주)-지휘'의 삼각형이 어우러져 만드는 합창(오케스트라)처럼 건축은 '도면-시공-감독'이 맞물린 삼각 구도로 써만 무언가를 지어낼 수 있다. 건축가는 시공 파트너뿐 아니라 구조, 설비 전기, 조경 등의 파트너 없이는 설계를 완성할 수 없다. 심지어 디자인마저 솔직하게 대화하고 토론할 좋은 파트너가 있으면 '좋을 뿐'이다. 특정한 시간 특정한 시점에서만 볼 수밖에 없는 우리는, 한정된 시야로 사방을 동시에 볼 수 없는 우리는, 특히 전쟁 상황은 두말할 나위 없이 우리가 볼 수 없는 것을 봐 줄 수 있는 사람 없이는 종종 난처한 곤경에 빠진다. 혹은 문제를 그대로 남긴다. 프로젝트가 크고 복잡할수록 응당 더 그렇지만, 그것과 무관하게 자신의 역능을 키우고자 하는 사람이라면 반드시 자신이 볼 수 없는 암점暗點이나 자신의 한계를 볼 수 있는 '정직한' 파트너가 필요하다. 통찰력도 있고 다른 관점들마저 가지고 있다면 더 좋으리라.

인사人事가 만사萬事라는 뻔한 얘기처럼 건축을 (제대로) 하려면 '좋은' 파트너들이 무조건 필요하다. 좋은 파트너들을 찾고, 생산적인 파트너십을 형성하고 유지하는 것은 건축가의 필수 덕목이다. 그리하기 위해 건축가는 무엇보다도 파트너십뿐 아니라 그와 무관하게 얻게 되는 기쁨도 항상 서로 나누는 습관을 형성해야 한다. 그리고 그들도 그들의 기쁨을 서로 나누도록 독려해야 한다. 그것은 모두에게 '좋을 뿐'이기 때문이다. 심리학자들이 이구동성으로 하는 말이다. '기쁨은 나눔으로써 더 크고 더 오래 가는 기쁨을 얻으며, 그로써 삶의 긍정적 에너지가 증대된다.' 버지니아 울프의 말이다. "즐거움은 공유하지 않으며 만끽할 수 없다." 그리고 슈바이처의 말이다. "행복은 나눌 때 커지는 유일한 것이다."

우리 한국인은 오랫동안 자신의 기쁨을 다른 이들에게 내색하지 않는 것이 예의인 듯 혼자의 것으로 묵히고 살았다. 그런데 심리학자들에 따르면 어디든 대부분 다 그렇다. 인간은 대개 즐거운 일 여럿을 나쁜 일 하나로 망친다. 이른바 '부정성 편견negativity bias'이라는 타고난 경향 때문이다. 부정적인 것을 더 무겁게 받아들이기 때문이다. 그로써 나쁜 경험을 더 기억하고 더 주목한다. 게다가 긍정적인 경험들은 거듭 되면서 부정적 효과와 거꾸로, 쉽게 효력을 잃는다. 그런데 람버트N. Lambert와 그의 브리검영대학교 동료들이 수행한 연구 결과에 따르면 좋은 일을 가까운 사람들과 얘기하고 나누면 '웰빙'이 고양되고 전반적인 삶의 만족도가 증가하며 더 많은 생기를 얻는다. 그리고 함께 하는 일에 대한 감사는 삶을 더 긍정적이고 더 행복하게 만들고, 시기심과 물질주의를 낮출 뿐 아니라 심지어 아픈 사람의 건강까지 좋게 만든다.

그러므로 명예든 물질이든 마음이든 그것이 아무리 사소한 것이라도 파트너들과 공유하라. 심지어 공을 일군 노력의 대부분이 자신의 것이라도 그리하라. 동서고금을 막론하고 교만은 사람을 잃게 하는 악이며, 겸손은 사람을 얻게 하는 덕이다. 건축가는 결코 독불장군일 수 없다. 누구나 아는 이 뻔한 말을 뼈에 새겨라.

신당동, 서울(2008년)

아홉째 계명.
가르쳐라


가르치지 않는 프로는 없다.
가르치지 않으면 '진정한' 프로가 될 수 없다.

프로는
가르침으로써만
자신의 앎을 더 단단하게 만들 수 있다.

프로는
더 잘 혹은 더 많이 알아서 가르치기보다
더 잘 혹은 더 많이 알고 싶어서 가르친다.
더 정확히 말해
자신이 무엇을 모르는지 알기 위해 가르친다.
자신의 무지의 정체를 더 분명히 알기 위해 가르친다.

프로는
자신의 일을 사랑한다.

좋은 선생은
자신이 사랑하는 일을 가르친다.

자신이 가르치는 일을 사랑한다.


프로는
좋은 선생이다.
좋은 선생이 아닌 자는 프로가 아니다.
지식 전수는 사회적 책무다.


프로는
자신을 가르친다.
그로써 자신을 확장한다.
어느 때 자신도 모르게 자신을 초월한다.


프로는
자기 초월을 끝없이 감행한다.
그것이 가장 큰 의미이며 기쁨이다.


건축가는 프로다.

상도동(밤골), 서울(2017년)

열째 계명.
자신의 길을 가라


자신의 길을 끝까지 가는 자는 자신 앞에 놓인 모든 것을 치우며 간다. 설령 그것이 자신의 아비거나 조사祖師일지언정 죽인다. 오직 홀로 간다. 심지어 자기마저 버리며 간다. 걷고 또 걷는 자는 이미 자신을 버린 자다. 무소의 뿔처럼.

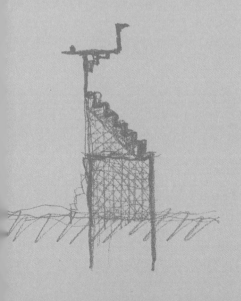

# II.
# 젊은 건축가를
# 위하여

중계본동, 서울(2011년)

# 가난의 소명

사람은 누구 할 것 없이 가난하다. 우리 중 어떤 이는 (평생) 돈 부족에 시달리고, 어떤 이는 딱히 명예랄 것이 없고, 어떤 이는 항시적으로 '을'의 처지이고, 어떤 이는 몸과 마음의 건강 문제로 힘겨우며, 어떤 이는 무시로 사랑 결핍에 시달린다.

그런데 좋은 삶을 사는 데 걸림돌인 바로 이 가난은 삶을 움직이는 힘이자 생명의 기운이기도 하다. 살아 있는 한 욕망하고 욕망은 바로 '가난에서' 생겨나기 때문이다. 그러니 가난은 벗어나야 할 상태가 아니라 잘 지켜야 할, 그뿐 아니라 활기차고 좋은 삶을 위해 잘 다뤄야 할 조건이라고 할 수 있겠다. 가난을 둘러싼 당장의 실존의 문제에서 중요한 것은 이것이다. 누구도 전지전능하지 않은 까닭에 어떤 방식으로든 가난이 필연이라면, 여러 가난 중 우리는 과연 어떤 가난을 없애려 애쓸지, 그리고 그 대가代價로 어떤 가난을 기꺼이 끌어안을지 판단하는 일이다. 혹은 생각의 구도를 완전히 틀어 긍정적 가치(의미)로 삼을 만한 그래서 정말 심각하게 고민해야 할 가난은 무엇인지 모색하는 일이다.

가난이 숙명이었던 우리 선조先祖들은 안빈낙도安貧樂道 철학으로 '물질' 가난을 긍정했을 뿐 아니라 그것을 삶의 즐거움으로 격상시켰다. 조선 시대 가사나 시조에 많이 나온다고 한다. 아마도 공자의 가르침(과 공자가 최고의 제자로 친 안회)의 영향이리라. 서양에서는 디오게네스가 그러한 삶을 온몸으로 실천한 사표師表다. 그런데 금권金權이 신神의 자리를 차지한, 자본이 최상위 이념이 된 자본주의capitalism 사회에서, 그것도 가족을 삶의 단위로 삼아 살아가는 사람에게 가난을 미덕으로, 생명력을 응집해야 할 중심이나 지향점으로 삼으라고 하는 것은 시대착오라 할 수도 있겠다. 그렇다고 시류를 타는 삶이, 니체가 반시대적 고찰에서 말했듯 딱히 시대적인 것도 아니다. 그리고 인간사에서는 전적으로 좋은 삶도 전적으로 나쁜 삶도 없기도 하고, 사람의 삶이란 필연적으로 '어떤 가난'을 끌어안는 일이라는 사실은 동서고금 꼭 같다. 그런데도 정작 가난을 실존의 기초로, 삶의 소명으로 삼아 사는 사람은 귀하고 드물다. 가난하게 사는 사람들은 숱하지만, 가난을 소명(실존의 가치나 의미)으로 살아가는 사람은 정말 찾기 어렵다.

박완서 선생이 1970년대에 쓴 『도둑맞은 가난』은 그것에 관한 이야기다. 가난한 달동네 처녀가 끼니를 떼우느라 허겁지겁 풀빵을 먹을 때 마침 거기서 풀빵을 우아하게 먹던 상훈이를 만나 이러쿵저러쿵하다 둘이 동거하게 된다. 말없이 사라진 상훈이가 어느 날 좋은 옷에다 머리끝부터 발끝까지 깨끗한 용모로, 게다가 옷깃에 대학 배지를 달고 두꺼운 책을 들고 나타난다. 처녀는 그에게, 가난을 못 이겨 기어코 도둑질을 하고 거기에다 가짜 대학생 짓까지 하느냐며, 미쳤냐며 악을 쓴다. 상훈이는 정신 차리고 똑똑히 잘 들으라며 이렇게 대꾸한다. 나는 부잣집 도련님이고 대학생인데 아버지가 좀 별나시다. 아버지가 빈민가에서 고생 한 번 해봐야 멋모르고 날뛰는 재벌들 소리 안 듣는다며, 그래야 기업을 물려받을 자격이 있다며 가난 체험을 시켰다는 것이다. 가난을 일종의 스펙으로 삼았다는 것이다. 그 말을 들은 처녀는 그에게 받은 돈을 그의 얼굴에 내동댕이치며 내쫓고서 '자신의 가난'을 떳떳하게 지킨 것을 자랑스러워하며 방으로 돌아간다. 그런데 희한한 것은 처녀의 방이 더는 그전의 처녀의 방이 아니라는 점이다. '처녀의 가난'을 구성한 살림살이들이 무의미한 잡동사니로 여기저기 내동댕이쳐진 채 가난이 사라졌기 때문이다. 처녀는 그제야 가난을 도둑맞은 것을 깨닫는다. 그리고 아흔아홉 냥 가진 놈이 한 냥 탐내는 부자에게 모든 것을 뺏기고도 느끼지 못했던 깜깜한 절망을 뼈저리게 느낀다. 처녀는 한탄한다. 부자들이 제 돈으로 무슨 짓 하든 아랑곳할 바 아니지만, 가난을 희롱하는 건 용서할 수 없다. 가난한 계집을 희롱하는 건 용서할 수 있어도, 가난 자체를 희롱하는 건 용서할 수 없다. 더군다나 내 가난은 내 소명[1]이지 않은가.

박완서 선생이 언급한 '가난의 소명'은 거칠게 해석하자면 이런 게 아닐까 싶다. 적어도 그 처녀(와 우리 대부분)는 정의롭게 살면 가난할 수밖에 없다.[2] 거꾸로 말해 가난을 살아간다는 것은 (하늘을 우러러 한 점 부끄럼 없이) 사람답게 살아간다는 것이다. 톨스토이는 빅토르 위고의 원작을 개작한 자신의 『가난한 사람들』에서 가난한 이들이야말로 가난한 이들을 조건 없이 챙긴다는 것을 보여준다. 자신도 아프지만 더 아픈 이들을, 자신도 가난하지만 더 가난한 이들을 챙겨가며 맑고 깨끗하게

---

1    캠브리지 사전은 소명을 이렇게 풀이한다. 소명(vocation): 행하기에 어울린다고 느껴 모든 시간과 에너지를 바쳐야 하는 혹은 그런 방식이 자신에게 어울린다는 느낌을 주는 유형의 일. 소명(calling): 대개 사회적으로 가치 있는 어떤 일(직업)을 하고자 하는 강한 소망. https://dictionary.cambridge.org
2    이 문맥에서 "진리에 따라 살면 살이 찔 수 없다", 아주 오래전에 본 〈만다라〉라는 영화의 대사가 생각난다.

살면[3] 아마 오늘날도 부의 축적은 (거의) 불가능하리라. 처녀가 가난을 도둑맞은 것은 동거를 통해, 그러니까 남을 이용해 생활비를 아껴 가난에서 벗어나려고 했기 때문일 것이다. 가난을 살아가는 맑고 떳떳한 마음을 그로써 버렸기 때문일 것이다. 도스토예프스키는 자신의 성공적 데뷔작 『가난한 사람들』에서 가난을 살아가는 인물을 주인공으로 삼는다. 관청 하급관리로 일하며 쥐꼬리 월급으로 연명하는 제부쉬낀은 먼 친척인 바르바라라는 처녀를 마치 자신의 딸처럼 헌신적으로 (자신의 옷가지까지 팔아) 후원하며 갈수록 더 심한 가난에 빠져든다. 그에게는 가난이 아니라 인간다움이 훨씬 더 중요하기 때문이다. 그는 편지에 이렇게 썼다. "제 목을 조이는 것은 돈이 아니라 일상 생활에서 느끼는 불안감, 사람들의 수군거림, 야릇한 미소, 비웃음입니다." 가난해야만 사람답게 살 수 있다면 어쩔 텐가?

가난에 대해서는 성경의 가르침을 묵과할 수 없다. "심령(마음)이 가난한 자는 복이 있나니 천국이 그들의 것임이요."[4] 신약에 서른네 번 나오는 "가난ptokos"이라는 말은 우리가 흔히 쓰는 물질의 상대적 부족이나 박탈감이 아니라 절대적 궁핍을, 따라서 오직 타자의 손길(은총)로써만 채울 수 있는 상태를 뜻한다. 신이 인간의 구원을 위해 자신을 버렸듯, 인간이 어떤 존재가 될 수 있도록 신이 무無로 하강했듯 인간은 공허(죽음)가 됨으로써만 은총이 들어올 수 있다고 한 베유Simone Weil의 말이 정확히 그것을 뜻한다. 인간은 오직 마음과 영혼의 절대적 가난(비움)으로만 은총을 입을 수 있다. 우리의 (잠자는) 영혼이 살아 숨 쉬는 것은, 역설적으로 우리가 우리의 영혼이 가난한 것을 뼈저리게 인식할 때다.

우리는 건축적으로 가난하다. 좋은 프로젝트가, 좋은 클라이언트가, 좋은 사회 시스템이 없거나 턱없이 부족하다. 좋은 선배도 없지만, 우리가 원하는 좋은 스텝도 없거나 드물다. 그래서 물질적인 삶도 힘겹다. 그런데 행여 그것이 채워지면 과연 걸작을 지어낼 수 있을까? 참으로 가치 있다 여기는, 참으로 짓고자 하는 건축을 지어낼 수 있을까? 우리의 삶이 참으로 만족스러울까? 우리 당대 최고의 권력자 문재인과 최고의 재물 소유자 이재용은 삶이 충만할까?

나는 신약의 "프토코스(가난)"에서 다음을 음미한다. 건축적으로 가난한 자는 건축을 얻을 것이다. 건축적 가난이란 무엇인가? 루이스 칸은 이렇게 말했다. "만약에 당신이 건축의 직능에 속해 있다면 당신은 건축가가 아닐 공산이 크다. 만약에 당신이 건축 직능을 생각하지 않는다면 건축가일 수 있겠다." 건축가라면 자신의 영혼에 건축의 블랙홀을 지녀야 한다는 혹은 건축 제로 지대를 서성여야 한다는 헤이덕John Hejduk의 말과 비슷하다. 감히 기성세대가 찬양하는 것들에 등을 돌려야 할 것이며, 그들이 지어놓은 건축들을 허물어야 할 것이다. 스물둘의 이어령처럼 배덕아와 이단아를 자처해야 할 것이다. 당장 아크데일리와 핀트리스트의 젖줄부터 끊어야 할 것이다.

그리고 시급히 '젊음'을 회복해야 할 것이다. '혈기 따위가 왕성'한 것이 젊음이니(네이버 사전), 낯선 여행을 감행할, 위험을 무릅쓸 혈기, 곧 '힘

3    톨스토이는 거기서 이렇게 썼다. "우리 모두 살아야 합니다."
4    마태복음 5:3. 그리고 이어서 다음의 말씀이 나온다. 부자가 천국에 들어가기는 낙타가 바늘구멍을 통과하는 것보다 어렵다(마태복음 19:24).

을 쓰고 활동하게 하는 원기' 또는 '격동하기 쉬운 의기'를 되찾아야 할 것이다. 우리의 젊은 건축가들은 어떤 가난도 원치 않아 젊음을 쉬이 방기한다. 가족도 있고 저녁도 있는 워라밸(과 소확행)을 건축만큼 (혹은 건축보다 더) 중요시 여긴다. 짐승과 위버멘쉬, 이념과 현실의 두 극단을 붙잡는 긴장을 견디기보다 그 사이 어디 적당한 곳에 정주하고 싶다. 혹은 건축과 평범한 일상 두 마리 토끼를 다 잡고 싶다. 그런데 이 둘은 상극이다. 니체의 언어를 구부려 말하자면 높은 급여로 가난한 삶을 본질적으로 극복할 수 있다고 믿는 것은 어리석다. 그에 따르면 위험하게 사는 것, 지도 없는 바다를 항해하는 것이야말로 삶을 향유할 수 있는 최고의 비결이다. 젊음이 필요한 건축가들이여, 그리하기 위해 톨스토이의 충고처럼 "자신을 최우선으로" 보살펴라. 니체의 권고처럼 "자신을 먼저 사랑"하는 법을 배워라. 그래야 다른 사람들에게 해줄 수 있는 것이 많이 생긴다. 젊음의 구속救贖이 필요한 건축가들이여 부디 젊어지기를! 그리고 그 원기로써 건축적 가난을 견뎌나가기를! 혹은 즐기기를! 코로나바이러스와 경제로 더 잔인해진 (엘리엇의 「황무지」) 사월을 한껏 끌어안자. (『와이드』, 2020, 05~06)

교동, 전주(2006년)

# 지혜

인간은 살림하는 살이, 곧 '살리는' 존재다. 주변 존재를 건사하는 행위
자다. 그것이 마땅하며(당이연), 자연의 법과 이치가 그러하다(소이연).
그런데 살리는 행위는 죽이는 행위를 수반한다. 홀로 스스로 살 수 있
는 생명은 없기 때문이다. 이놈은 반드시 저놈을 잡아먹고 살아간다. 자
신의 눈으로 그 장면을 목격한 석가모니가, 그 까닭이 무엇인지 스승이
라 불리는 자신 주변의 현자들에게 물었지만, 들을 만한 대답을 듣지
못해 결국 출가해 홀로 깨우쳤다.

현대 세계는 건사하기보다 죽이는 데 쏠려 있다. 생태계의 관점에서 보
건대 영혼을 구원한다는 종교도 그렇고 몸을 살린다는 의학도 그렇다.
그러니 건축가라고 해서 결코 예외적일 수 없는데 우리는 그 점을 놓친
다. 현대인은 생명의 질서 따위는 안중에 두지 않고 되도록 크고 많이
살상하려 덤벼든다. 자신이 살기 위해 죽이는 자연의 생명들과 달리, 과
시 소비가 그렇듯 자신의 에고를 더 단단히 하고 더 부풀리기 위해 불멸
하고 싶고 전능하고 싶어서 모든 것을 자신의 손과 발 바로 아래 두어
생각만으로 혹은 손가락 하나로 모든 것을 이루려고 그리한다. 모든 것
을 약탈해 무한히 축적하려 애쓴다. 욕망하는 탐욕은 끝이 없다. 그리
하여 인간은 때때로 이길 수 없는 고통에, 때때로 우울한 슬픔에 잠긴
다. 원치 않는 사태에 마주쳐 욕망이 두절되면 조용히 물러날 수 없기

때문이다. 마음을 흔적 없이 거두어들이지 않기 때문이다. 필히 화를 내뿜는다. 그리할 대상이 없으면 자신을 공격한다. 그리하여 괴롭다. 괴롭고 또 괴롭다. 살아가는 것은 욕망하는 것이며, 욕망은 결코 채울 수 없는 상태로 돌아오는 법이니 세속에서 사는 한 고해苦海를 떠도는 운명을 벗어나지 못한다. 이 모든 것은 석가모니에 따르면 우리가 어리석기 때문이다. 무명無明해서 괴로움의 뿌리를 모르거나 알아도 끊어내지 못해서다. 칡처럼 얽힌 탐진치 삼독三毒을 온전히 해독해내지 않는 한 고통과 슬픔에서 헤어날 길 없다.

인간은 (남들이 혹은 아무도) 가질 수 없는 것을 갖고 싶다. 그것이 바로 욕망의 속성이다. 욕망은 상품 마케팅 소비 사회의 동력이다. 욕망을 부추기고 키우는 환영幻影이 핵심이다. 자본주의 사회에 거짓 선지자와 거짓 지도자와 거짓 선생이 난무하는 것은 필연이다. 길 막힌 인생, 길 끊긴 인생, 길 없는 인생들에게 무지개다리 팔아먹는 사이비들이 여기저기서 사이다를 판다. 무욕無慾, 진리, 구원, 사주팔자, 지혜, 인문학, 워라밸, 소확행 등 가뿐히 낫게 할 알약 하나, 시원히 해갈할 청량수 한 바가지는 최고의 미끼(상품)다.

욕망이든 탐욕이든, 화든 슬픔이든, 그 자체가 나쁜 것은 세상에 없다. 욕망의 크기와 강도가 크면 나쁘다거나, 화를 품는 것은 나쁘다거나 하는 말은 사태의 단 하나의 입면을 가리킬 뿐 전모全貌를 드러내는 것이 아니다. 살아가는 일이 곧 (무엇을) 욕망하는 것인 한 욕망의 크기는 단순히 삶의 크기일 뿐이며, 공분公憤은 시민 사회를 만들어나가는 에너지다. "욕망들을 잃으면 안 된다. 욕망들은 창조성, 사랑, 장수의 강력한 자극제들이다(Alexander A. Bogomoletz)." 삼독을 다스리는 핵심은 욕망과 화를 다루는 기술이지 그것을 없애는 (원천적으로 불가능한) 데 있지 않다. 큰 건축가는 큰 건축 욕망을 가진 자이며, 큰 건축을 지어내는 일은 그만큼 좋은 기술을 구비해야 가능하다. 삶을 충만하게 살기 위해 우리에게 필요한 것은 사랑이든 건축이든 그것에 대한 충만한 욕망이며, 그것을 주어진 현실적 조건들로써 실제로 구현해나갈 수 있는 (탁월한) 기술이다.

새로운 건축 시대를 활짝 열어젖힌 건축가 르코르뷔지에는 큰 기술자였다. 큰 기술은 큰 언어로 표현된다. 그는 "건축이냐 혁명이냐"라는 언명을 동시대뿐 아니라 후세대 건축가들의 영혼에 새겼다. 새로운 기술에 정합된 건축은 계급 갈등이 초래하는 사회적 혁명을 피할 수 있게 해준다는 뜻이다. 건축이 삶을 혁명할 수 있다는 신념에 근거한 말이다. 오래전 나는 『와이드』에 「건축이냐 삶이냐」라는 제목의 칼럼을 썼다. 그때 거기서는 르코르뷔지에의 그 말의 현실성을 (특히 건축을 업으로 살아가는 사람 편에서) 부정했다. 그런데 '지금 여기' 우리의 젊은 건축가들을 위해서는 그것을 좀 구부려 이렇게 말하고 싶다. 건축과 삶을 융합할 기술을 찾고 연마하라. 그것이 건축하는 데 가장 이롭고 좋다.

본디 서구의 철학은 첫 번째 관념의 탐색이 아니라 좋은 삶을 살 수 있을 기술(지혜)을 겨냥했다. 좋은 삶을 살게 하는 것은 지혜로써 가능하리라 믿었기 때문이다. 이 생각은 동서고금이 그리 다르지 않다. 그렇다면 지혜는 무엇이며 어떻게 얻는가? 아리스토텔레스에 따르면 지혜란 '최상의 지식의 상태'[1]로서 사태의 한 측면이 아니라 모든 측면을 다 보는 앎의 상태를 뜻한다. 니체의 관점주의가 말하듯 본다는 것은 특정한 지점, 곧 하나의 관점에서 보는 한정된 인식 행위다. 그와 달리 전모를 도모하는 지혜는 모든 관점을 보는 행위로서, 철학은 그것을 위해 반성을 앎의 토대로 삼는다. 보는 자가 보는 자신을 보는 일, 그것이 지혜를 얻는 유일한 길인 셈이다. 소크라테스의 유명한 언명 "너 자신을 알라."[2]는 정확히 그것을 가리킨다. 공자는 이렇게 말했다. "우리는 세 가지 방법으로 지혜를 얻을 수 있다. 첫 번째는 반성에 의해서인데 가장 고귀하고, 두 번째는 모방에 의해서인데 가장 쉬우며, 세 번째는 경험에 의해서인데 가장 쓰리다." (서구) 세상에서 가장 지혜로운 인물로 간주되는 소크라테스가 한 것이라고는 이른바 세상이 지혜롭다고 여긴 (정치인, 시인, 장인 등 세 부류의) 사람들을 찾아가 끝없이 묻는 일이었다. 그가 실제로 지녔던 그래서 전해준 지혜로운 앎[3]은 "유일하게 참된 지혜는 아무것도 모른다는 데 있다."는 것뿐이다.

그런데 무지에 대한 앎이 첫 번째이자 유일한 지혜라고 한다면 우리가 지혜롭기 위해 실행할 수 있는 일은 아무것도 없는 셈이다. 게다가 거기서 멈춘 현자는 아무도 없다. "자신을 아는 것이 모든 지혜의 시작"이라고 한 아리스토텔레스의 말처럼 그들은 거기에 한 발을 굳게 디딘 채 다른 한 발로 자신이 갈 수 있는 만큼 한껏 나아갔다. 20세기의 천재 물리학자 아인슈타인은 이렇게 말했다. "지혜는 학교 수업이 아니라 그것을 얻고자 애쓴 평생의 산물이다." 그리고 이렇게 고백했다. "나는 너무 똑똑한 것이 아니라 질문들과 훨씬 오래 머문다." 빅 데이터 분석으로 사후 100년 가까이 최고의 영향력을 미쳤다는 올해 탄생 250주년을 맞은 악성樂聖 베토벤은 후배 음악가들에게 이렇게 충고했다. "네 예술을 연습만 하지 말고, 그 비밀들을 향해 돌진해 나아가라. 그것과 앎은 인간을 신성성으로 끌어올릴 수 있기 때문이다." 그리하여 그는 감히 '음악은 모든 지혜와 철학보다 더 높은 계시'라고 갈파했다.

지혜가 인간이 추구할 만한 지식의 최상 상태라면 그것의 반대, 곧 최악 상태는 무지無知가 아니라 무지無智다. 전자가 '알지 못함'을 뜻하는 '아그노이아agnoia'라면, 후자는 '배우고자 하지 않음'을 뜻하는 '아마티아amathia'라고 할 수 있겠다. 고대 그리스인은 전자를 지혜의 원천으로, 후자를 지혜의 불모지로 간주했다. 20세기 천재 문학가 무질Robert Musil은 전자의 '명예로운' 어리석음과 달리 후자, 곧 '인텔리전트'한 어리석음을 몹시 사악하게 생각했다. "어리석은 자는 자기가 현명하다고 생각하고, 현명한 사람은 자기가 어리석은 사람이라는 것을 알고 있다."는 셰익스피어의 말이나 진리의 반대는 오류가 아니라 확신이라고 한 니체의 말이 그와 흡사하다. '지금 여기'의 세상을 혼탁하게 흐릴 뿐 아니라 모든 층위의 갈등과 폭력을 조장하는 근본주의는 '아마티아'가 그 뿌리다. 두 발 모두 자신이 확신하는 한곳에 굳게 이식한 채 어떤 바람에도 흔들리지 않는다. 자신이 모종의 사태에 대해 절대적으로 옳다고 판단할 수 있다는, 그러니까 자신을 마치 무오류의 신쯤으로 여기는 정신 착란 혹은 미망 혹은 광기가 무섭다. 그러한 어리석음은 중세의 일곱 가지 죄악[4] 중 으뜸인 오만(교만)을 낳는 최고의 악이다.

---

1   인간에게 좋은 것은 오직 지혜뿐이다. 무지는 인간의 유일한 악이다.
2   "너 자신을 아는 것이 모든 지혜의 시작이다."(아리스토텔레스) 도덕경은 이렇게 말하고 있다. "다른 사람을 아는 것은 지성이며 자신을 아는 것이 진정한 지혜다."
3   톨스토이는 『전쟁과 평화』에서 이렇게 말했다. "우리가 알 수 있는 것은 우리가 아무것도 모른다는 것뿐이다. 그리고 그것이 인간 최고의 지혜다."

건축으로 돈 벌어 먹고 살고자 하는 건축업자가 아니라 건축으로 하나의 집을 짓고자 하는[5] 이들, 곧 작-가作-家들이여, 부디 지혜를 구하기를. 그러기 위해 무엇보다 먼저 자신이 무지하다는 사실을 망각하지 말고 그저 끝없이 배우기를. 배우는 것을 기뻐하며 즐기기를. 렌조 피아노는 건축가는 일흔다섯까지 배워야 한다고 했지만, 건축가로 살다 죽기 위해 우리가 해야 할 일은 죽기까지 배우는 것을 멈추지 않는 것이다. 그것이야말로 건축과 삶이 아름다운 하나의 나무를 이뤄 마침내 진실로 정직하고 향기로운 열매를 맺게 해주기 때문이다. "나는 절대 진리에 대해 무지하다. 그러나 나는 내 무지 앞에 겸손하며, 바로 거기에 내 명예와 보상이 있다." 칼릴 지브란의 말이다. 지혜로운 자가 부리는 기술은 묵인[6]이라고 했으니 이 글을 읽은 자는 이 글(의 문제들) 또한 부디 묵인하기를. (『와이드』, 2020, 07~08)

4 교만, 질투, 나태, 분노, 탐욕, 식탐, 음욕. 간디가 제시한 일곱 가지 사회악도 일별할 만하다.
첫째, 원칙 없는 정치. 둘째, 노동 없는 부. 셋째, 양심 없는 쾌락. 넷째, 인격 없는 교육. 다섯
째, 도덕 없는 상업. 여섯째, 휴머니티 없는 과학, 일곱째, 희생 없는 예배.

5 "인생은 집을 향한 여행이다." 멜빌(Herman Melville).

6 William James.

공설운동장, 무주(2007년)

# 작업

인간은 움직인다. 잠시도 멈추는 법이 없다. 의식하든 의식하지 않든 그렇다. 심지어 멈추고 있는 것도 멈추는 행위를 하는 것이다. 살아간다는 것은 그렇게 무언가를 끊임없이 한다는 것이며, 활동은 죽고서야 끝난다. 그러므로 살아 있는 동안 부단히 행할 수밖에 없는 우리의 활동의 의미를 한 번 생각해볼 필요가 있겠다. 그리함으로써 대개 힘겨운, 때로는 공허한 테두리를 잃은 채 다만 견뎌나가는 우리의 일상에 작게나마 생기를 불어넣을 수 있기 때문이다. 혹은 그리함으로써 지루하고 고된 삶의 행위들이 지닌 의미를 읽어내어 적어도 문득문득 엄습하는 삶의 무의미에 빠지지 않을 수 있기 때문이다. 혹은 한 발 더 나아가 그로써 우리가 한 사람의 직능인으로서 우리의 일상을 좀 더 긍정적으로 영위할 수 있을 것이기 때문이다.

독일의 위대한 작가 괴테는 움직임을 심지어 우주의 시초로 본다. 이십대 중반에 시작해 죽기 한 해 전, 그러니까 우리나라 나이로 여든둘의 나이에 끝낸『파우스트』서두에서 그는 "태초에 말씀이 있었다."라는 요한복음의 첫 문장을 수정해가며 이렇게 바꾼다. "태초에 행위가 있었다." 언사가 아니라 행위가 존재론적으로 우선이라는 것, 곧 인간의 역사는 행위로써 개시된다는 언명이다. 이 문장 앞에서 나는 엉뚱하게 기드보르Guy E. Debord의 말처럼 이미지가 축적되어 자본이 된 혹은 자본이 축적되어 이미지가 된 우리 사회에서 건축의 아르케를 '동사(를 꾸미는 부사)'로 재정립해야 하지 않을지 늘 일말의 조급성을 느낀다. 그리고 일상으로 행해온 무자각한 행위들의 무게 앞에 마음을 고친다. 말이 아니라 (혹은 말 만큼이나) 행동이 중요하니 그저 입버릇처럼 고맙다거나 사랑한다거나 말만 하지 말고 온당한 행위로 부응하자respond. 그것이 윤리적 책무responsibility다. 행위로 옮겨지지 않는 마음은 흔히 표정이나 몸짓보다 못하고, 때때로 듣는 이에게 도리어 큰 허기를 남긴다.

우리 시대의 건축 이론가 프램프톤K. Frampton이 큰 건축적 깨달음을 얻었다는 책『인간의 조건』[1]의 저자 아렌트H. Arendt는 인간의 행동을 노동labor, 작업work, 행위action로 구분한다. 노동이란 생계 유지를 위해 하는 필연적 활동(생물학적 층위)을, 작업이란 개인의 시간적, 공간적 삶의 한계를 넘어 이어지는 세계를 짓는 활동(문화적 층위)을, 그리고 행위란 사적 영역을 넘어 사회적, 공적 영역에 개입하는 활동(정치적 층위)을 가리킨다. 오랜 역사 동안 노예, 장인, 귀족 등에게 각기 귀속됐던 이 세 가지 층위의 활동이 민주주의 사회의 모든 시민에게 열렸지만, 도리어 그로써 인간 활동의 실존적 의미가 흐려졌다.

나는 후배 건축가들이 '작업'이라는 말을 쓰는 것을 거의 보지 못했다. 특히 우리가 (의미를 제대로 알지 못한 채) 써온 '작업실(아틀리에)'이라는 말 대신 (자신의) '회사'라고 할 때마다 어색하고 이상하다. 밖으로 드러낸 적은 단 한 번도 없지만, 속마음은 다소 못 마땅하다. 아마도 '회사'와 '일'이라는 말에서 아키텍처와 직결된 '포이에시스poiésis, 詩作, 짓기'를, 그리고 그에 따라 건축가가 작가作家, 집을 짓는 자[2]라는 사실을, 더더구나 그 말에서 '세계'를 떠올릴 수 없기 때문이다. 아렌트의 논지에서 건축가는 세계를 짓는 혹은 세계를 짓는 데 관여하는 자다.[3] 따라서 건축가는 자신을 둘러싼 세계를 명증하게 인식하기 위해 그 형태와 구조, 그리고 그것의 변동 방식에 수시로 주목해야, 그리고 거기에 어떤 방식으로 관계(응전)할지 고민해야 한다. 이 맥락에서 건축 '작업'을 '회사'에서 '일'하는 정도로 이해하고 접근하는 것은 건축가가 자신의 존재의 역능과 의미를 스스로 쭈그러트리는 애석한 태도다. 설령 자본의 힘에 마주쳐 (건축의) 무기력을 (뼈아프게) 느끼더라도 건축가의 정신마저 그로써 자진해서 폐기하는 것은 패배주의 삶이다. 인간됨의 본질인 '어떤 것에 의해서도 포섭되거나 몰수되지 않는 여분의 가능성'을 없애는 무無세계, 곧 (육신은) 살아 있으나 (영혼은) 죽은 좀비의 삶이다.

건축 '작업'은 포이에시스, 곧 밥이나 노래나 시처럼 물질(수단)로써 비

---

1   영어로 번역되기 전의 제목은 〈Vita Activa〉, 곧 아리스토텔레스가 제시한 '활동적인 삶'으로서 소크라테스(와 플라톤)이 가장 좋은 삶으로 여긴 'Vita Contemplativa', 곧 '관조적인 삶'의 대척을 이룬다.

2   은퇴가 재촉하는 '새로운 삶'에 대한 준비는 언어에 대한 자각을 초래한다. 예컨대 '집을 짓다.'라는 뜻의 '작가(作家)'라는 말이 특히 그렇다. "문학 작품, 사진, 그림, 조각 따위의 예술품을 창작하는 사람."이라는 사전의 뜻풀이에 따라 '예술가'를 달리 나타내는 말로 다뤄야 하겠지만, 문자대로 풀어보자면 일본인이 옮긴 '세우고 쌓는 사람'을 뜻하는 '건축가'보다 '작가'라는 말이 우리 직능을 더 잘 나타내는 듯하다. 물론 여기서 '집'이란 'house'나 'home'이라기보다 혹은 그것이 함의하는 '세계'를 뜻한다고 보는 편이 옳을 것이다. 그리하여 세계를 짓기 위해 작업하는 모든 사람을 가리키는, 그러니까 '예술가'라는 말을 널리 쓰는 것으로 다루는 것이 옳을 것이다. 언젠가 "내가 나 자신을 규정하지 않으면 다른 사람들에 의해 내가 규정된다."라고 한 내 외국인 친구의 말을 떠올리며("자신이 생각하는 방식으로 살지 않으면 자신이 살아온 방식으로 생각하게 된다."- 폴 부르제), 은퇴 이후 나는 나 자신을 '작가'로 살기로, 그러니 그렇게 소개하기로 마음먹었다.

3   마르크스 이후로는 건축 '작업'을 정치적인 것으로 접근해온 사람들도 적지 않으니 '행위'(비판적 실천)로 볼 여지도 제법 확보됐다.

물질적인 무언가(목적)를 지어내는 활동이다. 그리고 건축가는 그 대가로 자신이 습득하고 연마한 테크네techné의 수준에 따라 지어낸 것으로써 (불)명예를 대가로 돌려받는 자다. 그런데 건축가가 단순히 제품업자와 다른 것은 그가 지어낸 가치가 자신과 클라이언트의 이항적 구도를 넘어선다는 데 있다. 건축가가 '프로페셔널'이라는 사회적 입지를 누릴 수 있는 것도 그것 때문이다. 건축가는 자신의 클라이언트가 내맡긴 문제들을 해결하는 수준을 넘어 자신이 일원으로 살아가는 공동체를 위해 무언가를 해내(는 것으로 간주하)기 때문이다. 건축가는 자신이 속한 특수한 공동체인 '건축'을 위해, 그리고 자신이 몸담아 살고 있는 보편적 공동체인 삶의 세계를 위해 모종의 긍정적 가치를 산출해내(려고 애쓰)는 존재라는 것이다. 그러므로 자신의 활동이 클라이언트의 요구를 만족시키는 데, 그로써 자신의 부와 명예를 챙기는 데 그칠 때 우리는 그를 건축가라 부르지 않는다. 그때 그는 건축이라는 이름으로 먹고사는 장사 혹은 업자다.

그런데 혹은 도리어 바로 그것 때문에 (거의 모든) 건축가는 자신이 세상에 (더) 좋은 가치를 지어낸다고 (무턱대고) 믿는다. 더 좋은 공간을, 더 좋은 장소를, 더 좋은 마을을, 더 좋은 도시를 만든다고 (일방적으로) 생각하지 불편한 공간을 지어 인간의 자유를 침해한다거나 질 낮은 감각으로 (싸구려 날림으로 지어진 우리 세상에) 흉물을 더한다거나 심지어 자신과 클라이언트의 에너지를 포함해 자연의 자원을 엄청나게 소비하면서도, 그뿐 아니라 심지어 자연의 미물과 인간에게 해로운 (일일이 확인하기 어려운) 수많은 물질을 (대개 크게 가리지 않고) 쓰면서도 자신이 세상에 해를 끼친다는 생각은 추호도 하지 않는다. 우리는 건축이라는 이름으로 자신과 클라이언트를 넘어서는 어떤 긍정적 가치를 지어내는가? 우리가 지어낼 그 가치를 위해 얼마나 고민하고 애쓰는가?

건축가의 활동 의미가 생물학적으로는 자신(과 자신이 아끼는 사람들)의 밥을 책임지는 '노동'에, 그리고 사회·문화·정치적으로는 세계를 개선하고 영속하는 '작업'(과 '행위')에 있다면 필멸必滅의 존재에 수시로 엄습하는 허무에 맞설 실존의 의미는 어디서 확보하는가? 건축 '작업', 곧 포이에시스는 무엇(수단)으로써 무엇(목적)을 지어내는 활동이다. 오직 작품으로써 궁극의 가치를 부여받는 활동이다. 이것이 드러내는 사실은, 건축가가 '작업'의 의미를 돌려받기가 현실적으로 매우 어렵다는 것이다. 누구나 찬사를 보낼 수 있는 '탁월한' 작품을 만드는 것도 그렇지만, 현실적으로는 그것보다는 어떤 작품도 온당한 평가를 받을 수 있는 환경이, 특히 우리 사회에는 거의 아니 어쩌면 전혀 없기 때문이다. 우리 모두 누구도 건축의 권위를 갖지 않은 사회, 곧 '죽은 건축가의 사회'의 건축가다. 우리가 (자신의 응모로 얻어내는) 상賞과 대중 매체에 목을 매는 것은 그 때문일 것이다.

이 땅의 건축가가 갖가지 형태의 건축 활동을 통해 얻을 수 있는 가장 확실하고도 중요한 실존의 의미는 포이에시스가 아니라 '프락시스praxis'다. 아리스토텔레스에 따르면 프락시스와 포이에시스 둘 다 특정한 목적을 겨냥한 활동으로서, 성공을 위해 각기 프로네시스phronésis와 테크네라는 서로 다른 형식의 앎에 기댄다. 그런데 프락시스는 포이에시스와 달리, 그 성공이 활동(수단)의 결과(목적)가 아니라 활동 자체에 있다. 활동의 질(완성도)에 궁극의 가치가 부여된다. 따라서 테크네에서는

(자발적) 실수가 좋은 것인 반면(우리는 실행을 통해, 그리고 심지어 실수들을 통해서만 완전성에 이른다. 칼 포퍼에 따라 말하자면 우리는 오직 실수를 통해 배운다), 프로네시스에서 실수는 오직 비자발적인 것이어야 한다(악한 행위로는 결코 선하게 될 수 없다). 한마디로 우리는 활동 자체에 의미를 둔 채 그것을 온전히 그리고 충실히 실행함으로써 거기서 실존의 의미를 거둘 수 있다는 것이다. 그러니 젊은 건축가들이여, 어느 누구도 간섭하거나 영향을 끼칠 수 없는, 결코 뺏어갈 수 없는, 오직 내게 귀속되는, 활동을 부추기는 열정과 그것의 충실성에서 오는 기쁨을 누리(는 삶을 설계하)기를. 그리하여 인정 욕망에서 벗어나 오래오래 평강하기를. (『와이드』, 2020, 09~10)

아리스트(2018년)(화가 문순우)

# 건축주

우리 사회의 적잖은 건축가들은 의뢰자를 '건축주'라 부른다. 건물 설계를 의뢰하는 주체와 건물 소유자를 딱히 구분하지 않은 채 별 생각 없이 두루 쓴다. 대개 건물 소유자를 가리킨다. 건축에 민감할 리 없는 일반 대중이야 언어 습속에 따라 별 생각 없이 그리 쓴다고 해도 건축가는 자신의 세계에 속한 말만큼은 잘 가려 써야 하는 법이다. 그리해야 척박한 이 땅의 건축이, 그리고 그로써 건축가라는 존재가, 나날이 극심해져 가는 물질주의에 함몰되는 것을 막아내는 데 터럭 한 올만큼이나마 기여할 수 있기 때문이다.

'건축의 주인'을 뜻하는 '건축주建築主'라는 낱말은 여러 측면에서 석연치 않다. 건축은 구체적 사물이 아니라 철학, 음악, 미술, 춤 등처럼 인간의 특정한 정신적 활동의 영역, 곧 추상의 세계를 가리키기 때문이다. 건축은 돌이 아니라 돌이 드러내는 아름다움이나 성스러움이듯, 벽이 아니라 벽들이 이루는 비례나 효용성이나 공간감이듯 추상 영역에 속하는 테크네이자 학문의 한 분과discipline다. 그리고 사랑이 그렇고 정의가 그렇듯 추상에 속하는 대상은 우리가 소유할 수 있는 것이 아니다. 그런 까닭에 '철학주, 음악주, 예술주'라는 말이 없다. 다른 문화에는 있을지 모르지만, 그렇다한들 그 맥락에서 '건축주'라는 우리말은 상식의 상궤를 벗어났다는 느낌을 지울 수 없다.

'건축주'라는 용어는 용례의 적실성 문제와 별도로 우리의 구체적 삶의 내용에 매우 나쁜 영향을 끼친다. 우리에게 프로젝트를 가져다주는 사람을 '건축의 주인'으로 생각하는 것은 실제로 그 생각에 따라 행동하든 안 하든 끔찍한 일이다. 건축가라면 누구나 자신의 작업을 통해 작게는 개인의 일상에, 크게는 도시 공간에 한 줌이나마 긍정적 변화를 끌어내고 싶어 한다. 그리하기 위해 자본의 도움이 절실하다. 자본 없이 할 수 있는 일이란 거의 없기 때문이다. 아무리 작은 집이라도 결코 적지 않은 물질이 투여된다. 그 상황에서 물주物主가 거의 대부분 '건축주'다. 따라서 물주가 정말 '건축의 주인'으로 행세한다면 건축가는 기껏 물주의 부하직원쯤 될 수 있을 뿐 근본적으로는 종복 신세로 전락할 수밖에 없다. 주인이 이렇게 해달라, 저렇게 해달라는 요구를 건축가가 시종일관 거절하기란 현실적으로 거의 불가능하기 때문이다. 건축을 통해 얻고자 하는 것이 오직 자본의 증대밖에 없는 물주(의 프로젝트)는 건축가에게 최고의 악몽이다. 자본주의 사회의 시장 구조는 그것을 강화할 뿐 도무지 다른 길을 모른다.

혹자는 이렇게 생각한다. 건축가는 자본의 증대가 유일한 목적인 프로젝트에서도 자신의 건축적 역량을 충분히 발휘할 수 있다. 용적률을 깡그리 채우면서도 능력만 있다면 비례, 공간, 물성 등 건축성을 지어낼 수 있다. 따라서 걸보기에는 자본의 시녀일지 몰라도 실제로는 결코 그렇지 않다. 이 생각은 말이 되지 않는 것은 아니다. 그럴 수 있다. 그런데 그것은 가정 폭력 피해자가 온통 피해만 받는 것이 아니라 부스러기 사랑도 받는다고 주장하는 것과 그리 다르지 않다. 술에 취한 사람에게 운전대를 맡긴 동승자가 자신은 이렇게 저렇게 할 여지가 여전히 남아 있다고 주장하는 것만큼 논리가 궁색하다. 건축가와 동등한 사회적 평면에 위치한 의사나 변호사는 결코 생각해낼 수 없는 자기합리화의 궤변이다.

우리가 보고 생각하고 행동하는 방식에 언어가 미치는 영향은 실로 엄청나다. 실증적으로 가장 활발하게 연구되어 온 영역은, 언어가 젠더 평등에 대한 태도에 미치는 영향이다. 최근 한 결과에 따르면 무성無性의 언어는 사람들이 자신이 지각할 수 있는 범위에서 젠더 구별에 대한 강조를 줄이는 쪽으로 인도하며, 그로써 무성의 언어를 말하는 사람이, 남자와 여자 간의 '자연적인' 비대칭을 덜 느낄 뿐 아니라 젠더 불평등을 거론하는 노고를 더 지지하는 쪽으로 이끈다. 연구자들이 판단하기에 언어는 젠더 불평등의 문제를 더 줄일 수 있는 상황을 가로막는 핵심 장애다. 언어는 사물에 대한 인식과 감정에도 영향을 미친다. 러시아 물은 여성이지만, 티백을 한 번 담군 물은 남성이다. 다리(시계, 아파트, 포크, 신문, 포켓, 어깨, 우표, 티켓, 바이올린, 태양, 세계, 사랑 등)가 독일어는 여성이지만, 스페인어는 남성이다. 그 반면 사과(의자, 빗자루, 나비, 열쇠, 산, 별, 탁자, 전쟁, 비, 쓰레기 등)가 독일어는 남성이지만, 스페인어는 여성이다. 따라서 스페인어 사용자는 다리와 시계와 바이올린이 힘과 같은 남성적 특성을 더 가진 것으로 여기는 반면, 독일인은 그것들이 더 날씬하고 우아한 것으로 생각하는 경향을 띤다. 호주의 외딴 지역이 대표적이다. 어떤 문화는 왼쪽, 오른쪽, 앞, 뒤 등을 뜻하는 공간의 어휘가 없다. 그래서 좌우 대칭 평면으로 이뤄진 두 개의 호텔 객실을, 우리와 달리 전혀 다른 방으로 본다. 언어는 세계를 대하는 태도와 대상을 느끼는 방식뿐 아니라 신념, 가치, 이념 등에도 현저한 영향을 미친다.

언어는 도구가 아니라 우리 삶의 형식을 규정하는 틀이라는 뜻의 "언어는 존재의 집"이라는 하이데거의 표현은 그 수준을 훌쩍 뛰어 넘는다.

건축은 의술과 법과 함께 현대 사회의 복리를 책임지는 세 가지 프로페셔널 학제이자 직능이다. 의술과 법의 실행자는 자신의 서비스를 제공하는 사람을 '의뢰인client'이라 부르지 '주인'은 고사하고 '고객customer'이라고 부르지도 않는다. 두 낱말은 걸보기에 비슷한 뜻 같지만, 심층적 의미가 크게 다르다. '고객'이 상품이나 서비스를 구매하는 판매자와 아주 짧은 시간에 관계를 맺는 사람을 뜻한다면, '의뢰인'은 전문가의 조언이나 법률가, 회계사, 건축가 등의 프로페셔널 서비스를 이용하는, 그래서 전문가에게 긴 기간 보호받는 사람을 가리킨다.[1] 고객이 가격에 따른 가치를 구매한다면, 의뢰인은 전문적인 지식, 경험, 신뢰를 산다고 할 수 있다. 그리고 의사나 변호사는 "나는 닥터 파우치입니다."라는 식으로 자신을 프로페셔널로 소개한다.

건축가는 어떤가? 건축가 자신마저 자신을 프로페셔널로 보지 않는다면, 그리고 사회적 장소에 그렇게 출연하지 않는다면, 과연 누가 건축가를 프로페셔널로 볼까? 누군가가 건축가를 프로페셔널로 보지 않는다고 어떻게 불평할 수 있을까? 우리가 우리 자신을 규정하지 않는다면 다른 사람이 우리를 규정하게 될 것이고, 우리는 거기에 따를 수밖에 없다. 프로젝트를 얻기 위해, 그리고 그것이 수반하는 물질적 이득이나 약간의 명예를 위해 물주의 삶 방식에 휘말려 거기에 따라 사는 사람을 우리는 건축가라 부르지 않는다. 그는 다만 건축이라는 이름으로 벌어먹고 사는 평범한 장사꾼에 불과한 까닭에 '건축가'의 명칭을 부여하지 않는다. 그러므로 자신이 건축가라고 당당히 내세울 수 있는 자라면 건물 소유나 의뢰인이라는 용어 대신 '건축주'나 고객이라는 용어를 무자각하게 쓰면 안 될 일이다. 자신이 진정 건축가라고 생각하거든 '건축주'라는 말을 당장 버리고 그 대신 '의뢰인 혹은 클라이언트'라는 말을 써야 하리라.

그렇다면 '건축주', 곧 건축의 주인은 누구인가? 건축가는 누구를 위해 짓는가? 내가 아는 의미심장한 대답은 두 가지다. 미스와 니체에게서 발견한다. 빌헬름 로츠가 건축가 미스Mies van de Rohe의 집들을 언급하며 거기서 건축주는 '새로운 인간'이라고 했다.[2] 달리 말해 '정신이 깃든 삶'을 사는, 따라서 당대인보다 더 고양된 인간이 건축의 주인이라는 뜻이다. 그로써 건축은 목전目前의 삶이 아니라 지금 여기보다 더 나은 삶을 위해 복무하는 투쟁의 술術, 그리고 건축가는 그것을 실행하는 전사戰士가 된다. 시적 경향을 지녔고 음악에 매혹됐으며 평생 건축을 사랑한 니체 또한 자신의 『Untimely Meditations』을 집필하는 동안 다른 틈

---

1   어원에 따르면 의뢰인은 "따르는 사람, 기대는 사람"을 뜻하는 라틴어 "clientem"에서 유래한 용어로서 "다른 사람의 보호 아래 사는 사람"을 뜻한다. 고대 로마에서는 귀족의 보호 아래 놓인 평민, 외국인 심지어 연합국이나 식민도시도 종종 클라이언트였다. 클라이언트의 분명한 의미는 '보호받기 위해 다른 사람에게 의지하는 사람'이다. 1400년경 '법률가의 의뢰인'으로 쓰이다가 1600년경 범위가 확장됐다. 고객은 14세기에는 "세관원, 통행료 수령자"를, 1400년경에는 "상품이나 물자를 구매하는 사람, 동일한 장사나 길드에서 관례적으로 구매하는 사람"을, 중세 라틴어 "custumarius"는 말 그대로 "관습에 온당한"을 의미했다. 셰익스피어에게 그 말은 "창녀"를 뜻하기도 했다.

2   Fritz Neumeyer. 꾸밈없는 언어: 미스 반 데어 로에의 말과 건축. 김영철·김무열 옮김, 동녘, 2009. 노이마이어에 따르면 미스가 추구하는 새로운 건축은 "새로운 삶의 형식을 얻기 위한 거대한 투쟁의 한 부분"으로서, 미스는 다음의 주장을 생애 마지막으로 남겼다. "우리에게 결정적인 것은 삶입니다."

틈이 쓴 단편에서 앞서의 질문 "건축가는 누구를 위해 짓는가?"를 제기했다. 그의 답변은 이렇다. 건축가는 예술가로서 "수많은 정신(영혼)의 파급적 영향, 수용적인 관찰자와 생산력을 지닌 차후 건축가들의 수많은 다양한 반향"을 위해 짓는다. 그에 따르면 건축의 유일한 목적은 건축을 수용할 영혼을 지닌 자들, 그리고 도래할 건축가의 출산이기 때문이다.[3]

네 건축주는 누구(무엇)인가? 그리고 우리의 건축주는 누구(무엇)이어야 하는가? 이 질문에 대한 답변이 없거나 마련하지 않는 건축가는, 진중한 숙고의 시간이 필요하다. 모든 것이 상품인 세상이며, 우리 모두 상품을 팔아먹고 살아가는 존재다. 지식도 상품이고 예술도 상품이며, 심지어 인간 자신(의 몸과 마음)도 상품이다. 누구나 무엇이든 자신의 것을 팔 시장市場 없이는 품위는 고사하고 생존마저 힘겹다. 그런데 그렇다고 해서 모든 것을 상품 논리로 환원할 수는 없다. 그리하는 것은 살아도 사는 것이 아니다. "나는 용기와 이상주의로, 그리고 또한 중요한 것은 삶, 친구라는 사실에 대한 인식으로, 불공평한 이 세상을 살기 더 좋은 곳으로 만들고자 건축을 창조했다." 건축가 니마이어O. Niemeyer의 말이다. '건축주'를 여전히 그대로 쓰면서 우리 자신을 과연 건축가로 내세울 수 있겠는가? (『와이드』, 2020, 11~12)

3   Tilmann Buddensieg, "Architecture as Empty Form: Nietzsche and the Art of Building", In Nietzsche and "An Architecture of Our Minds", ed. by A. Kostka and I. Wohlfarth, The Getty Research Institute for the History of Art and the Humanities, 1999.

중계본동, 서울(2013년)

# 이야기

높고 청명한 하늘 아래 나무들이 가장 찬란한 모습을 띠는 가을이면 어김없이 노벨상 수상자들이 발표된다. 폭탄으로 돈을 번 알프레드 노벨의 유언에 따라 인류 복지에 공헌한 자에게 주는, 온 인류가 기꺼이 경의를 바치는 최고의 상이다. 여섯 개 부문을 대상으로 한다. 흥미로운 점은 20세기 후반부터 과학(물리학, 화학 등)은 수상자가 여럿인 반면, 문학은 노벨상 원년인 1901년 이후 단 두 번을 제외하고 줄곧 혼자라는 사실이다.

문학 부문은 왜 과학과 달리, 수상자가 단 한 명일까? 문학은 과학과 달리, 다른 사람과 함께하는 작업이 아니기 때문이다. 시를 누구와 함께 쓴다거나 다른 이의 의견을 받아들여 수정한다거나 하는 일은 작가라면 생각하기 힘들다. 과학이 외부의 객관적 사실을 다룬다면, 문학은 개인의 내면을 토양으로 삼는다. 과학자의 논문은 객관성의 수준이 높을수록 진실에 가까워 이구동성을 얻지만, 작가의 작품은 개인의 내밀성이 충분히 깊어야 보편적 울림을 얻는다. 문학은 아이러니하게도 오직 지극히 개인적인 경험과 인식으로써만 다른 평면의 보편성을 획득한다. 다른 사람과 공감할 수 있는 방식으로는 그만큼의 깊이에 닿을 길이 없다는 것이다. 그리하여 개별 인간에 의해 지탱되는 문학[1]은 현실 세계의 논리에 포섭되지 않는 실존의 잉여와 세상 사람das Man이 은폐하는 삶의 살풍경에 깊은 눈길을 보낸다. 현실이 외면하는 생명의 떨림을 질료로, 무리에서 이탈한 고독한 리듬을 형식으로 삼아 상처받고 추운 영혼을 보듬는다. 언론에서 '무명無名 시인'이라는 제하로 뉴스에 올린 올해 수상자 루이제 글뤽Louise Glück의 시들은 한림원에 따르면 "슬픔과 고립의 솔직한 표현들"이다.

우리 사회에서 세상을 홀로 헤쳐 나가는 젊은 건축가는 찾기 어렵다. 열의 아홉은 운영의 문제일 테니 현실은 현실의 논리에 맡기고, 이참에 공동 작업이 안고 있는 건축의 문제를 생각해보자. 건축에서 공동 작업이 가능한 것은 수리數理와 기술의 문제다. 따라서 "건축은 기술이 끝나는 곳에서 시작된다."는 그로피우스W. Gropius의 문장을 빌려 말하자면 건축을 시작하기 위해 복수의 건축가가 함께 작업하는 것은 별 문제될 바 없다. 그런데 "건축은 인간의 감성을 불러일으킨다. 그러므로 건축가의 과업은 그 감성을 더 정확하게 만드는 것이다."라는 로스A. Loos의 의견에 따라 생각해보자면 그러한 작업은 이런저런 문제를 내포한다. 감성(감정)을 불러일으키는 파토스의 움직임, 곧 빛이 침입할 수 없는 어둠 속의 생명의 떨림은 언어 이전에 출현하는 것이어서 소통이 (거의) 불가능하기 때문이다.

감성이든 감각이든 내가 품고 있는 것은 모두 너와 소통할 수 있다고 주장할 수도 있다. 소통 방식이 굳이 언어일 필요는 없기 때문이다. 내면에서 밀치고 올라오는, 뭐라 이름 붙일 수도 없고 나눌 수도 없는 덩어리(예컨대 정신분석학이 명명하는 '이드'), 나는 그것을 내밀한 몸짓을 포함해 내가 생각해낼 수 있는 모든 방편으로 네게 전할 수 있다고 주장한다. 그런데 나조차 정확히 거머쥘 수 없는 '그것'을 어찌 소통의 대상으로 삼을 수 있겠는가. 심미적 감정처럼 '명석하지만 판명하지 않은' 내면의 색조와 파동은 비언어적인 것을 통해 그나마 좀 더 비슷하게 표현할 수 있을 것이다. 언어가 아니라 언어와 언어의 사이나 배후에 들러붙는 파토스는 근본적으로 언어로 붙잡을 수 없는 것이어서,[2] 몸짓, 시, 음악, 그림 등으로 표현하는 편이 더 진실하다. 만약 그것이 내 건축이 도래하는 원천이라면, 내가 할 수 있는 것이란 그저 내 내면에 침잠해 '그것'에 집중한 채 내 방식으로 응답하는 것뿐이다. 따라서 건축이 언어와 합리를 넘어서는 무엇을 포함한다는 데 우리가 동의한다면 건축 또한 문학처럼 개인의 고독한 작업에 의해 지탱된다고 말하는 편이 타당하다. 내가 말하고자 하는 요점은 이것이다. 건축은 개인이라는 고도孤島에서 벌이는 작업인 까닭에 협업이 '거의' 불가능하다.[3]

건축이 개인의 어두운 내면에 접속하는 작업이라는 것은, 곧 건축은 하나의 이야기로서 성립한다는 뜻이다. 무릇 지극히 개인적인 것이어서 누구와도 나눌 수 없는 것은 이야기 세계로 이행한다. '말할 수 없는 것'

---

1 "우리는 말할 수 없을 정도로 혼자다." Rainer M. Rilke, Letters to a Young Poet, ed. by R. Doulard, Jr. Scriptor Press, 2001, p.8.

2 "모든 사물이, 사람이 대개 우리가 믿게 하는 것처럼 만질 수 있거나 말할 수 있는 것만은 아니다. 대부분의 경험은 말할 수 없고 어떤 언어도 진입하지 않은 공간에서 발생하며, 다른 모든 것보다 더 말할 수 없는 것은 예술 작품들, 곧 그 생명이 우리 자신의 작고 일시적인 삶결에서 버티는 그러한 신비한 존재들이다." 앞 책, p.5.

3 예컨대 스위스의 '헤르조그(Jacques Herzog) & 드 뫼롱(Pierre de Meuron)'이나 스페인의 'RCR Arquitectes'처럼 오랜 기간 함께 산, 그리하여 유사한 감성, 생각, 가치 등을 지닌 두 명 이상의 건축가가 하나의 집단을 구성해 탁월한 건축을 짓는 경우가 있다. 외견상으로는 그들이 창조적 대화를 통해 마치 하나의 몸처럼 작업하는 것으로 알려져 있다. 실제로 그런지는 당사자들만 알 뿐이다.

조차 '말할 수 없는 것'이라고, 더 정확히 말해 '말할 수 없는 것'이기 때문에 더더욱 그렇게 이야기함으로써 '나'는 '우리'가 될 수 있기 때문이다. '말할 수 없는 것' 혹은 '말로 다 할 수 없는 것'이 내게 도래하는 사건, 나는 오직 그로써 작업의 세계를 개시한다. 그리고 그것을 내 테크네에 의해 하나의 이야기로 빚어내는 데 성공할 때 나는 비로소 한 사람의 작가로 태어난다.

나는 얼마 전 '젊은건축가상'에 응모한 다수의 포트폴리오를 살펴본 적이 있다. 『건축평단』에서 지난 3년 동안 진행해온 '영·아키텍처·크리틱'이라는 프로그램에 적합한 건축가를 찾고 싶었기 때문이다. 결국 눈에 잡히는 사람이 없어서 허사로 끝났다. 언젠가 한 후배가 무엇을 선정 조건으로 삼는지 묻기도 했다. 내가 눈여겨보는 것은 '지극히 개인적인', 그러니까 '특이성'이 묻어나는 작품이다. 무언가 다르게 보이는, 내가 흔히 보기 어려운 '다른' 건축이다. '이야기 갈고리narrative hook'가 있어서 간과看過할 수 없게 하는 건축이다. 그런데 시선을 끄는 것이, 곧 지극한 개인성을 담보하는 것은 아니다. 그런데 그렇지 않은 것은 우리가 그의 건축 이야기를 듣기 위해 멈추지 않고 곧장 지나치는 까닭에 갈고리는 필수 조건이다.

'우리 건축'의 충분 조건은 무엇인가? 여기서 마치 필수 조건과 충분 조건이 별도로 있는 것처럼 생각하는 것은 잘못이다. 그 둘은 '지극한 개인성'이라는 단 하나의 특질이다. 논의의 편의를 위해 두 계기로 나누기 때문이다('지극하지 않은' 특이성은 시선이 곁에 잠시 머물다 떠난다). '건축은 몸짓'이라고 한 비트겐슈타인의 말에 따라 이렇게 말할 수 있겠다. 세상에는 수많은 몸짓이 있지만, 어떤 몸짓은 - 그것이 띠는 강도强度 혹은 규범으로부터 비껴나는 특정한 방식으로 - 우리의 시선을 끈다. 그럴 뿐 아니라 그 몸짓은, 마치 춤이 그렇듯 특정한 기능을 수행하는 것을 넘어 무언가 전하고자 애쓴다. 어떤 것을 애써 표현한다. 그것이 무엇이든, 그 잉여가 바로 '건축성'이 깃드는 곳이며, 그것이 마침내 이야기의 형식을 입을 때 역사화의 대상이 된다. 역사란 삶의 줄기를 찾고 만드는 이야기들의 이야기이기 때문이다.

우리는 어떤 이야기에 끌리는가? 무슨 이야기에 감동하거나 마음을 열고 주는가? 우리 자신의 경험을 반추하면 얼추 다음이 단박 떠오른다. 아름다운 이야기, 당대의 윤리성을 묻는 이야기, 전적으로 낯설면서도 친근한 이야기, 기쁨이든 고통이든 생명력을 자극하는 이야기 등이다. 주인공은 결국 이야기(꾼)이다. 작품을 통해 제시하는 아름다움, 윤리성, 정동affect 등에 대한 개인의 특정한 사연이거나 소망이다. 건축의 보편적 아름다움은 좋은 비례의 감각에서 생겨나지만, 그러한 형식미는 지각의 순간에 존재할 뿐 다른 시간과 장소의 사람들에게 건너갈 수 없다. 그에 반해 예컨대 나 자신 삶의 경험과 그것에 대한 철학적 성찰에 따라 구성한 '상처(의 흔적)의 아름다움'은 이야기 형식을 입는 까닭에 나와 너를 이을 수 있다. 그리하여 우리의 건축 이야기로 발전할 수 있다. 그런 식으로 우리는 재료, 형식, 빛, 텍토닉, 공간 등 무수한 재료들을 이야기 형식으로 빚어낼 수 있다. 특정한 재료를 단순한 미감을 넘어 이러저러한 생각에 따라 씀으로써 그리할 수 있다. 어떤 이는 지극히 개인적인 사연이, 어떤 이는 지구 환경과 생활 세계의 경제에 대한 걱정과 전망이, 또 어떤 이는 기성 취향이나 권력에 대립하거나 어긋나는 '소수의 에토스'를 열어내는 기획이 원천일 수 있다.

이념이 빛바랜 세상에서 혁명이 여전히 가능하다면, 그것은 기술에 의한 것밖에 없다. 오늘날 도처에서 우리에게 육박해오는 생명공학과 AI는 그것이 결코 먼 일이 아니라는 예감을 갖게 하기에 충분하다. 그리고 그러한 신기술은 설계 능력으로 사회의 한 자리를 차지한 건축가의 입지를 가차 없이 뒤흔들 것이다. 건축 법규, 부지 분석, 규모 계산, 평면 계획 등 기술에 관한 모든 일은 분명하고 확실하게 기계의 몫이 될 것이다. 신문기사, 시, 음악 등을 짓는 기계도 이미 출현했으니 지금까지 건축가가 떠맡아 온 일의 상당 부분, 어쩌면 거의 전부 그리될 가능성이 매우 높다. 따라서 나와 너를 이어 우리로 만드는 이야기를 짓는 것은 이제 문학뿐 아니라 건축의 핵심 과제가 될 것이며, 재료가 다르고 이야기 파트너가 다를 뿐 건축이 존립할 수 있는 기본 방식은 문학적이자 정치적인 것일 수밖에 없다. 생활 세계 짓기라는 건축의 본질이 마침내 현실 속에 만개하게 될 셈인데 '좋은 소식'인가? (『와이드』, 2021, 01~02)

# III.
이 시대 건축을
위하여

South Elev.
1/50

봉돈, 화성, 수원(2013년)

# 순정純正한 건축

Pure (and Humanly Correct) Architecture

상당히 오래전 일이다. 가끔 신문을 볼 때 「문학의 숲」이라는 칼럼을 챙겨 읽었다. 직업이 선생이니 문학을 좀 알거나 배우고자 해서가 아니라 문학을 풀이하는 방식이 궁금해서다. 그러다 접한 고 장영희1952~2009 서강대 영문학 교수의 마지막 글(「문학의 힘」, 조선일보 2004. 09. 25)을 읽으며 많은 생각에 잠겼다. 우연히 겪게 된 유방암 치유 이후 예기치 않게 척추암 진단을 받은 사실을, 놀랍게도 마치 남의 이야기처럼 담담히 전하며, '문학의 힘'에 대해 말하고 있었기 때문이다. 자신의 인생을 돌이켜 보건대 그렇게 넘어지기를 수십 번 한 까닭에 그는 넘어지기 전에 이미 넘어질 준비를 하고 있었던 것 같다고 했다. 그 많은 넘어지기의 경험 덕에, 어떤 충격에도 끌려들어가지 않을 만큼 정신의 여유를 채비했을 것이다. 그는 "신은 다시 일어서는 법을 가르치기 위해 넘어뜨린다."는 사실을 믿는다고 썼다. 죽음의 그림자를 접하며, 선한 마음과 '살아 있음'의 축복을 새삼 느낀다고 한 그는 자신 생의 의지를 다음처럼 자신이 공부해온 문학 안에서 확인하고 다짐한다. "문학은 인간이 어떻게 극복하고 살아가는가를 가르친다."는 포크너의 말에 의지해 문학 속에서 치열한 삶의 승리를 배우고 가르쳤다는 그는 "문학의 힘이 단지 허상이 아니라는 걸 증명하기 위해서도" 다시 일어날 것을 다짐했다. 그에 따르면 "문학은 삶의 용기를, 사랑을, 인간다운 삶을 가르친다." 다른 곳에서는 이렇게 썼다. "문학은 우리가 진정 사람답게 살아가도록 우리를 지킨다.”

그렇다면 건축은 어떤가? 건축 또한 우리가 진정 사람답게 살아가도록 우리를 지키거나 지킬 수 있는가? 건축의 힘은 무엇인가? 우선 ‘더 좋은 것’과 ‘다른 것’이 주는 힘을 건축의 견지에서 생각해볼 수 있겠다. 이미지와 공간 쓰임 방식과 분위기로 나타나는, 그리고 그로써 삶이 이뤄지는 구체적 현장으로 작동하는 건축은 분명히 ‘더 좋게’ 그리고 ‘다르게’ 사는 것이 가능하다는 것을 실제로 증언한다. 지금까지 봐온 것과 다른 인상과 다른 공간 구성과 다른 기운의 건축은, 특히 그것이 더 나은 것으로 지각될 때, 사람들로 하여금 ‘더 좋은 것’을 욕망하게 한다. 그리해서 ‘더 좋은 것’을 경험한 사람들은 오직 ‘좋은 것’의 벡터에 따라 욕망할 수밖에 없는 까닭에 그로써 ‘더 좋은 것’을 요구하게 부추김으로써 ‘더 나은 삶의 환경’을, 그리고 종국적으로 ‘더 나은 삶’을 만들어나가는 데 이바지한다. 설령 더 낫지 않다하더라도 다르다는 것은 이미 하나의 자극인 까닭에 그 자체로서 삶의 에너지를 북돋운다. 그러므로 건축은 더 나은 삶을 살게 하거나 더 나은 삶을 살도록 욕망하도록 하는 ‘희망의 원리’가 분명히 될 수 있다.

그런데 사태가 진실로 그러하다면 ‘지금 여기’의 삶 혹은 삶의 건조 환경이 ‘그때 거기’보다 더 나은가? 일인당 거주 점유 면적, 차량 보유 숫자, 냉난방과 전기와 수도 등 기술 진보에 따른 혜택 등 물질의 지표를 보면 (공기는 확실히 더 나빠졌지만 그럼에도 대체로) 그렇다고 할 수 있겠지만, 실존 차원에서 더 정확히 말해 ‘건축적으로’ 그러한지는 회의적이다. 예컨대 옹기종기 붙은 동네를 불도저로 밀어내고 들어선 아파트가 더 나은 삶의 공간이라 할 수 있을지, 지금의 아파트가 70년대 저층 아파트에 비해 더 좋다고 할 수 있을지, 그리고 설령 그렇다한들 그러한 것이 도대체 누구에게 그러한지 생각하게 되면 나로서는 긍정할 수 없다. 동대문운동장을 헐고 지은 동대문디자인플라자DDP가, 피맛골을 없애고 만든 공간이 그 전보다 낫다는 견해도 수긍하지 않는다.

내가 보기에 '지금 여기'의 거주 환경은 '그때 거기'보다 더 나쁘다. 비인간적인 것으로 변해간다. 사태가 그리되는 것은 우리 시민이 서구의 자유 시장 체제를, 긴 시간에 걸쳐 점진적으로 삶의 형식에 조율해온 미국이나 서유럽과 달리, 미처 교양Bildung을 체득하지 못한 상태에서 급작스레 받아들인 바람에 우리 세상이 심지어 가장 성스러워야 할 영역마저 거의 온전히 시장 논리에 종속되는 결과를 초래했기 때문이다. 그리해서 이제는 사람들이 자본에 저항하기는커녕 기꺼이 복무하고자 한다. 상품화에 저항하기는커녕 정신이든 육체든 팔아 기꺼이 경쟁력 있는 상품이 되고자 한다. 그리해서 거의 모든 사람이 자본의 도구로 전락했다. 선생도 건축가도 서비스 용역업자이고, 학문도 건축도 의료 행위도 돈벌이 수단이다. 종교도 대학도 수익 구조에 따라 경영되고, 흙수저와 헬조선이 가리키듯 인간의 마지막 존엄 또한 돈의 문제로 수렴된다. 세상의 모든 존재자가 상품이며, 모든 상품은 이윤을 따르고, 차이와 새것으로 값이 매겨진다. 먹거리가 그렇고, 사물들이 그렇고, 심지어 언어들과 생각들도 그렇다. 그리고 오늘날 '다른 것'은 사물이나 인간의 고유성이 아니라 이익 창출과 맞물리는 까닭에 자본주의 문화 논리에 따라 천박성, 즉각적 만족, 브랜드와 패션으로 나타나고 사라진다. 영화, 책, 패션, 대중 음악 등은 거대 자본과 기획 광고 없이는 독자나

관객이나 소비자에게 다가갈 수조차 없다. 세상은 그렇게 시장 구조 안에서 팔리고자 하는 것들로 전쟁통이다. 그러니 '스탕달 신드롬Stendhal Syndrome'[1]에 버금갈 힘을 갖지 않고서야 건축이, 인문학이, 예술이, 종교가 무슨 힘이 있겠는가.

건축의 힘은 무엇인가? 시의 힘에 대해 쓴 서경식 교수의 글[2]을 따라가 보자. 그는 자신의 책 『시의 힘』 한국어판 서문에 이렇게 썼다. "시에는 힘이 있을까? 문학에 힘이 있을까? 의문이다. 그럼에도 이 책에 '시의 힘'이라는 제목을 붙인 이유는 우리를 끝없이 비인간화하는 이 시대야말로 그 어느 때보다 더 시와 문학의 힘이 절실하게 필요하기 때문이다. … 모든 것을 천박하게 만들고 파편화해 흘려버리려 드는 물결에 대항해 인간이 인간으로서 살아남고자 하는 저항이다. '저항'은 자주 패배로 끝난다. 하지만 패배로 끝난 저항이 시가 되었을 때, 그것은 또 다른 시대, 또 다른 장소의 '저항'을 격려한다. 시에는 힘이 있을까? 내 대답은 이렇다. 이 질문은 시인이 아니라 우리 한 사람 한 사람에게 던져져 있다. 시에 힘을 부여할지 말지는 그것을 받아들이는 우리에게 달린 것이다."(밑줄은 필자가 그었다) 이 논지에 따라 인간이 인간으로서 살 수 있도록 지키는 건축의 힘은, 건축 그 자체가 아니라 우리에게 달렸다고 말할 수 있겠다. 그러니 건축이, 시장이 아니라 진실로 사람다움에 복무하도록 정한수 한 그릇 올려놓고 자식 잘되라고 빌던 어미처럼 우리가 간절히 열망하지 않고서야, 열망할 뿐 아니라 그리되도록 전사처럼 치열하게 싸우지 않고서야 어찌 희망이 있겠는가? 어찌 건축의 힘을 말할 수 있겠는가?

오늘날 건축가든 교육자든 정치가든 성직자든 사람다움, 곧 인의예지를 위해 돈과 이기에 저항하는 것은 돈과 이기를 위해 사람다움을 망각하는 것보다 훨씬 힘들뿐 아니라 거의 불가능한 형국이다. 시인 정희승은 「세상이 달라졌다」[3]라는 제목으로 이렇게 썼다.

세상이 달라졌다
저항은 영원히 우리의 몫인 줄 알았는데
이제는 가진 자들이 저항을 하고 있다
세상이 많이 달라져서
저항은 어떤 이들에겐 밥이 되었고
또 어떤 사람들에게는 권력이 되었지만
우리 같은 얼간이들은 저항마저 빼앗겼다
세상은 확실히 달라졌다
이제는 벗들도 말수가 적어졌고
개들이 뼈다귀를 물고 나무 그늘로 사라진

---

1   스탕달(Stendhal, Marie Henri Beyle)은 피렌체 산타크로체성당에 갔다가 14세기 화가 지오토(Giotto)의 프레스코화에 압도돼 계단을 내려올 때 무릎에 힘이 빠지고 숨이 가빠져 의식을 잃고 죽을 것 같은 느낌이었다. 그가 이 충격을 벗어나는 데 무려 한 달 걸렸다고 전해진다. 스탕달은 그때의 느낌을 자신의 일기에 다음과 같이 적었다. "아름다움의 절정에 빠져 있다가 … 나는 천상의 희열을 맛보는 경지에 도달했다. 모든 것이 살아 일어나듯이 내 영혼에 말을 건넸다." 이렇게 스탕달의 경우처럼 탁월하게 아름다운 작품 앞에서 압도와 경외감, 그리고 그와 동시에 무력감과 절망감을 강렬하게 느껴 신체적 이상 상태를 경험하는 현상을, 이탈리아 심리학자 그라지엘라 마제리니는 자신의 책 『스탕달 신드롬』에서 '스탕달 신드롬'으로 명명했다.

2   한국작가회의(민족문학작가회의의 전신)는 '작가들이 사랑한 2015년 올해의 책'으로 서경식 일본 도쿄게이자이대학 교수(64)의 『시의 힘』(현암사, 2015)을 선정했다.

3   정희성, 『詩를 찾아서』, 창비시선 207, 2001.

뜨거운 여름 낮의 한때처럼

세상은 한결 고요해졌다


저항마저 빼앗겼다면 이제 저항부터 다시 우리의 것으로 되돌려야 할

일이다. 밥이 되는 저항이나 권력이 되는 저항이 아니라 사람다움을 위

한 저항을 다시 시작해야 할 일이다. 나는 20여 년 전 첫 비평집 『해방의

건축』에서 이처럼 썼다. "… 이 절박한 현실 앞에 우리가 마땅히 해야 하

는 일은 무엇인가? '인간humanism'을 지키기 위해 '건축의 이름으로' 할

수 있는 것은 도대체 무엇인가? 그것은 바로 인간 해방을 묻는 일이지

않는가? 건축은 마땅히 간인間人을 위해 참으로 인간성humanity 회복과

증진을 위해 존재해야 하지 않은가? … 실로 건축이 인간 해방에 기여

할 무엇이 전혀 없다면 우리는 이제 인문학적 고민도 할 필요가 없을 것

이다. 건축이 진정 돈으로 사고파는 상업 행위에 불과하다면, 건물은 오

직 상품일 수밖에 없다면 이제 힘든 고난과 고통을 부여안고 건축의 길

을 걸어야 할 이유가 우리에게는 없다. 건축 행위 그 자체만으로 이미

궁극 가치와 의미를 갖는 자유함에 이르는 길에 아무 역할을 할 수 없

다면 이제 나는 비평을 구하지 않을 것이다. 관습의 되풀이, 이데올로기

의 방편, 정치의 도구, 욕망의 수단 이상을 읽어내려는 일체의 몸부림을

집어치울 것이다. 한마디로 더는 '건축'을 하지 않을 것이다."⁴ 그리고 건

축가 조건영이 1991년 프랑소와즈 빌딩을 계획하면서 던진 물음 "건축

은 인간 해방에 어떻게 기여할 수 있을까?"를 붙잡고 그와 건축가 민현

식의 작업을 통해 해방 건축의 가능성을 구체적으로 확인하고자 했다.

지금도 그러하지만, 그 당시 해방 건축이라 부를 건축은 찾아보기 어려

웠다. "그러나 건축에서 인간 해방의 문제를 단단히 붙들고 씨름하며 깊

이 천착하는 사람은 이제 보이지 않는다. 깊은 성찰이나 체계적인 이론의 모색을 통해 인간 해방의 방편을 궁구하는 사람을 찾을 수 없다."

그런데 오늘날 저항이 가능한가? 서경식 교수가 보기에 "전후戰後 한 시기에 보였던 그런 '가느다란 가능성'은 이제 소멸의 낭떠러지에 있다." 그리고 저항은 어김없이 거의 패배로 끝난다. 그런데 그렇다고 해서 저항이 소멸되는 것은 아니다. 앞서 서경식 교수가 썼듯 시가 되는 저항은 패배로 끝나도 다른 시대, 다른 장소의 저항을 고무한다. 그래서 "희망은 없지만, 걷는 수밖에 없다. 걸어야만 한다. 그것이야말로 '희망'이라는 이야기다." 중국 문학가이자 사상가이며 혁명가이자 정신적 지도자이었던 루쉰은 이렇게 썼다. "생각해보니 희망이란 본시 있다고도 없다고도 할 수 없는 거였다. 이는 마치 땅 위의 길과 같은 것이다. 본시 땅 위에는 길이 없다. 걷는 이가 많아지면 거기가 곧 길이 되는 것이다." 그러니 우리 자신이 희망과 힘으로 사는 길밖에 없다. 중요한 것은 '시가 되는 저항', 그러니까 저항은 "승산의 유무나 유효성, 효율성 같은 원리들과는 전혀 다른 원리"인 시가 되어야 한다는 것이다.

그렇다면 이 시대에 필요한 것은 '건축이 되는 저항'일 것이다. 그리고 시인 정희성은 시인에 대해 이렇게 썼다. "시인은 자기 시대의 사람들을 숨 막히게 하는 산소 결핍 징후를 남보다 먼저 감지하고, 아무도 말할 수 없는 것을 말해야 하며 모든 사람이 침묵할 때에도 침묵해서는 안되는 사람이라는 인식이 널리 퍼져 있었다. 나도 이러한 시대적 요구에

---

4    이종건, 『해방의 건축』, 도서출판 발언, 1998.

서 자유로울 수 없는 존재였다." 서경식 교수는 이렇게 썼다. "'이렇게 살겠다', '이것이 진짜 삶이다'라는 무언가를 드러내야만 한다. 시인이 해야만 하는 일이다." 시인이 그러한 존재라면 이 시대의 건축가 또한 그러해야 할 것이다. 이 시대의 반反인간화하는 힘들을 누구보다 먼저 감지해서 그에 대해 발언하고 맞서야 할 것이다. 건축은 마땅히 이러해야 한다고 주장하며 실천해 보여야 할 것이다.

'저항이 되는 건축' 혹은 '건축이 되는 저항'은 어디서 찾을 수 있는가? 시대의 요구에 응답하는 건축은 어떠한 건축인가? 그것을 우리는 미스와 헤이덕이 추구한 건축에서 능히 찾아볼 수 있다.

미스에게 건축은 자율성을 획득함으로써 "삶에 봉사하는 것"으로서 "언제나 정신적 결단의 공간적 표현"이었다. 그리하여 "순수한 상징적 표현과 순수한 시적 운율을 위해 기본적인 기능성까지도 무시한 미스 건축"을 알도 로시는 비판적이 아니라 오히려 긍정적으로 봤다. 로시가 보기에 건축가 미스는 "시장을 위한 생산과 산업의 변화에 저항하고, 시대를 초월해 영원한 아름다움을 지닌 대상을 창조하던 몇 안 되는 인물 중 하나"이기 때문이다.[5] 미스는 "건축은 인간 실존에 관한 전체적인 문제를 떠맡고 있는 관념의 담지자여야" 한다고 믿어, 건축의 목적을 의뢰자나 사용자가 아니라 건축 그 자체에 뒀다. 여기서 '건축 그 자체'가 뜻하는 바는 인간의 목적을 위해 착복하거나 이용되는 대상이 아니라 건축이라는 존재의 고유성이다. "의미 영역과 가치 영역에 내재되어 있"는 그것이야말로 "바로 건축가가 투쟁해야 할 문제"다. 그러니까 사물(혹은 건축)의 고유성으로부터 나오는 빛과 질서야말로 궁극적으로 휴머

니티에 봉사한다고 풀이해도 되지 않을까 싶다.

미스가 "현재 주어진 세계는 과연 인간이 견뎌낼 만한 세계입니까? 과연 이 세계는 살 만한 가치가 있는 곳입니까?"라고 물었듯 헤이덕 또한 자신이 속한 시대의 건축을 "병리학pathology"이라 명명하며 건축 질병의 속성과 연관된 시대의 징후를 아홉 개 열거했다. 헤이덕은 특히 자신의 시대(와 건축)에 대해 두 가지 점에서 비판적이었다. 그의 말을 그대로 옮기면 이러하다. "거기(건축)에는 생명이 없다는 것이며, 따라서 끔찍하게도 그 죽음의 가능성이 없다." 그리하여 그는 사피로David Shapiro가 명명한 "외과적 건축surgical architecture"으로써, 특히 여성적인 것과 죽음이라는 "초월적 주제들을 지독하게 추구"함으로써, 그것을 치유하고자 했다.[6] 헤이덕이 미스와 다른 것은 자신의 시대의 건축은 현실이 아니라 시의 영역에서야 가능한 것으로 믿어, 이른바 '페이퍼 아키텍처'로 알려진 절대적으로 자율적인 '순정한(순수하고 올바른) 건축'으로써 자신의 시대와 싸웠다는 것이다.

'건축이 되는 저항'이란 건축으로써 반인간화의 힘들에 맞서 싸운다는 것을 뜻한다.[7] 건축이 자본의 도구가 아니라 건축 그 자체로서 머물도록, 그리하여 인간의 실존 문제를 떠맡는 존재가 되도록 하는 것이다. 그런데 시와 달리, 건축은 그것도 건물로서 구현되는 건축은 돈과 힘에 의

---

5    Fritz Neumeyer, *Das Kunstlose Wort*, 『꾸밈없는 언어: 미스 반 데어 로에의 말과 건축』, 김영철·
      김무열 옮김, 동녘, 2009.

6    D. Shapiro, An Intro to J, Hejduk's Works: Surgical Architecture, a+u 1991, no.224.

7    시인 정희성은 바로 앞 자신의 시집에서 "시인은 시를 통해서 싸울 수밖에 다른 방법이 없는
      터"라고 썼다.

해 존립하는 까닭에 그리되도록 하는 것은 현실적으로 거의 불가능하다. '거의'라고 표현한 것은, 단지 절대적 단언의 유보에 불과한 것으로서 사실상 불가능하다고 말하는 편이 옳다. 헤이덕의 실천이 그것을 증언한다. 물론 그렇다고 해서 전적으로 불가능한 것은 아니다. 그리고 절대적인 것만 저항의 가치가 있는 것도 아니다. 핵심은 건축을 오직 건축 그 자체로 머물도록 지켜나가는 실천이다. 결론적으로 건축을 통한 저항이란, 곧 건축의 순수성을 지키는 지켜나가는 실천이라고 할 수 있다. 2015년을 하루 남겨놓고 그에 대해 묵상했다. 『와이드』에 기고한 글의 일부다.

영어 인간, 곧 'human being'은 보편적이고 추상적인 명사 'being' 앞에 붙은 형용사 'human' 때문에 비로소 인간으로 성립한다. 인간의 본질이 꾸밈에 있다는 말이다. 벌거벗은 생명인 조에zoe와 달리, 옷으로 말로 행동으로 꾸밈으로써 인간이 조에와 다른 생명bio으로 출현한다는 것이다. '지금 여기' 대한민국에서는 돈이 곧 꾸밈이다. 돈 없는 꾸밈은 없다. 그런데 가난한 인간이 인간으로 사는 것이 불가능하다면 그곳이 과연 인간이 살 수 있는 땅일까. 인간의 땅이라 할 수 있을까. 인간으로 출현하게 하는 꾸밈은 사랑과 부끄러움일 터. 그로써 유지하는 존엄일 터. 그러하다면 사랑과 부끄러움, 그러니까 우리의 내면이 돈의 식민지로 전락되지 않아야 그리될 수 있지 않을까? … 사랑이 모든 것을 정복한다amor vincit omnia는 명제가 참이라면, 아니 순수한 사랑은 최고의 힘이라는 진술이 진실이라면, 우리에게는 그 진실이 누락되어 있다는 뼈아픈 사실밖에 남아 있지 않다는 것, 그러므로 우리에게 절대적으로 요청되는 것은 우리가 절대적으로 회복해야 할 것은 무엇보다 순수라는 사실을 인식해야 마땅하지 않을까? 순수야말로 돈, 계급 속에 침몰된 우리 사회를 구원할 유일한 방편이 아닌가? 2016년이 오기 전 스스로 생을 마감한 서울대생은 이렇게 썼다. '20년이나 세상에 꺾이지 않고 살 수 있던 건 저와 제 주위 사람들에 대한 사랑 때문입니다.'

그런데 순수란 도대체 무엇인가? 어떤 것이 순수한 것인가? 내가 보기에 순수란, 본디 고유한 것을 지키고 수행하는 것에, 그러니까 존재하는 바 그대로의 사물로 존재하는 방식에, 행위 그 자체가 목적이 되는 행위 속에 놓여 있는 무엇이다. 사랑은 사랑하는 행위로서 완결되고 소멸하는 것이지 그 바깥의 어떤 것을 목적으로 삼는 방편이 아닌데 실상은 그러하지 않은 까닭에 혹은 그리할 수 없는 까닭에 우리는 그러한 사랑을 현실의 사랑과 구별해 '순수한'이라는 형용사로 꾸민다. 친절이나 용서나 정의를 포함한 모든 덕, 모든 참, 모든 아름다움의 실천이 다 그렇다. 그런데 그러한 것은 꾸밈으로 나타나므로 벗겨낼 수 있는 빈껍데기에 불과하다고, 따라서 그것 없이도 성립한다고 말하는 것은, 그러니까 순수를 비현실적 수사修辭라고 말하는 것은, 마치 '휴먼'이라는 꾸밈이야말로 인간을 인간으로 성립하는 사실을 부정하는 것처럼 어리석은 일이다. 정확히 말해 인간이 인간으로서 나타날 수 있는 것은 '휴먼'이라는 꾸밈과 이어진 삶의 방식이기 때문이다. 사랑을, 친절을, 부끄러움을 심지어 인간적이라 부를 수 있는 모든 행위를 수행할 수 있는 것은, 바로 그러한 것들의 순수성을 간직하는 데 있다. 그런데 순수성을 간직하는 일은, 특히 돈을 이념으로 삼는 이 세상에서는 전적으로 불가능하다. 행여 가능하다면 그것은 돈이 되는 순수성인 까닭에 이미 불순하다고 해야 마땅하다. 다시 말하건대 순수는 오직 그 자체로서 완성되고 소멸한다. 그러므로 인간이 인간으로 살아가는 일은 감히 그러한 불가능성을 대면하고 끌어안아야 가능하다고 할 수 있다. 건축도 예외일 수 없다. 우리가 건축할 수 있는 것은 건축 불가능성을 인식하고 수용할 때에라야 비로소 가능하다. 그렇지 않고서야 건축은 그저 돈벌이나 에고 실현이나 기껏 제 자랑질 수단에 그친다. 인간 내면을 돌보고 지키는 예술이 그렇고, 철학이 그렇고, 문학이 그렇다. 인간을 꾸미는 것은 돈이 아니라 순수라는 것, 그것 이외에 인간을 구원하는 길을 나는 아직 모른다. (『건축평단』, 2016 봄)

철암동, 태백(2006년)

# 건축 불/가능성에 관한 단상

내가 오늘 여기서 건축 불/가능성으로써 말하고자 하는 바는 능히 짐작하겠지만, 역설적으로 불가능성을 통한 가능성이다. '건축Architecture' 뿐 아니라 '건축들architectures'의 가능성을 동시에 구성하고자 하는 생각이다. 니체를 접해본 사람이라면 익히 알듯 오늘날 '건축'은 불가능하며 그 근거는 논리적으로 매우 분명하고 확정적이다. 퀸터Sanford Kwinter 가 '신의 죽음'에 따라 내재성을 현대성의 특성으로 규정하고, 그것을 모더니즘의 과제로 제시했듯 랑보의 언명에 따라 우리에게 주어진 '오직 현대적이어야 하는' 건축적 과제는 모두 우리의 세속적 삶 속에 펼쳐 있으며 거기서부터 시작하고 거기로 돌아갈 수밖에 없다.

가능성은 오직 불가능성에서 솟아난다. 그럼에도 오늘날 건축가는 '건축Architecture' 불가능성을 숙고하지 않는다. 질문으로부터 비껴나, 단지 짓는다. 그것은 이미 불가능하거나 무용한 것이어서 이제 돌아보지 않는다. 건축이 성립되는 근거에 대한 물음이나 숙고는 오래전에 처분돼야 마땅한 역사의 잔존물이며, 시간의 폐허다. 건축가는 어떤 이유로든 '다만 짓기' 위해, 짓기 위한 재료들을 내재성의 평면에서 구하고 쓰기 위해 애쓸 따름이다. 의뢰자와 재료들과 기능(프로그램)과 기술 등이 거기 속한다. 그것들 없이 짓는 일은 불가능하다. 사회적 환경 또한 그렇다. 자유, 진리, 아름다움, 세계 등이 아니라 자본을 궁극 이념으로 삼는 사회는 '건축Architecture'의 자리를 없애거나 비우도록 닦달한다. 자본주의 세계의 건축은 근본적으로 자본에 의한 자본을 위한 자본의 건축이지만, 세계가 그렇듯 그 안에 있는 인식의 주체에게는 비가시적이거나 인식 바깥에 존재하는 까닭에 그 점이 은폐된다. 혹은 간과된다. 혹은 애써 무시한다. 자본의 건축은 자본의 주술이 만들어내는 '좀비'이지만, 우리의 모습으로 우리와 더불어 움직이는 까닭에 좀비로 보이지 않는다. '컴퓨니케이션computer communication' 시대는 우리를 좀비(스좀비, smart phone zombie)로 만들어간다. 좀비는 빛을 필요로 하지 않는 까닭에 그것이 좀비라는 사실은 오직 어둠에서 드러난다. 그런데 우리의 세계에 속한 것은 거의 모두, 어둠 속에서도 부지런히 활동하는 까닭에 그것의 현존을 감지하기 어렵거나 불가능한 형국이다.

재귀/반성을 인식의 근본으로 삼는 현대성 안에서 건축가의 짓기는 '건축Architecture'이 아니라 '건축들architectures'이라는 이름으로 행해진다. '건축들'의 가능성은 '건축' 불가능성을 전제로 삼는다. '건축들'은 '건축'이 물러난 자리를 차지한다. 내가 보기에 전제는 대충 세 가지다. 첫째, 초월성(토대)의 성립 불능이다. 초월성이 불가능한, 따라서 내재성의 평면에 속한 '건축들'은 '자기짓기autopoesis' 혹은 자기조직/자기참조로 성립한다. '자기짓기'는 생명의 자족적 원리이어서 건축가를 필요로 하지 않는다. 혹자는 '토대 없음'을 토대로 삼음으로써 '건축'이 여전히 가능하다 주장한다. 그야말로 소로우가 제안한 '허공에 짓기'다. '건축' 가능성은 '건축들'의 불가능성을 전제로 삼는다. 토대 없는 '건축'은 단순히 불가능하다는 것이 근본 명제다. 둘째, 찬양할 대상의 소멸이다. 신神뿐 아니라 개인을 넘어서는 영웅도 삶의 한계를 능가하는larger-than-life 힘

(세계)도 사라짐으로써 혹은 거부됨으로써 개체들이 이루는 관계는 '형식 없는 형식', 곧 리좀 형식의 확장과 수축밖에 없다. 인간의 삶은 역설적이게도 삶을 능가하는 것으로써만 의미를 획득한다. 혹은 추동력을 얻는다. 삶에 갇힌 '건축'은 오직 삶의 한 부분으로서 무의미한 물질로 존재한다. 그로써 껍질 건축, 좀 더 정확하게는 껍질이 내용인 건축들이 개시된다. 껍질들이 스스로 모여 '건축들'을 이룬다. 이 지점에서 '건축'이 가능한 것은 '불가능성', '비어 있음', '부재', '빈 구멍' 그 자체를 내용으로 삼는 방식이다. 셋째, 영원 회귀 혹은 현대성이 초래하는 시간의 소멸이다. 새로움(생성)의 일상화(반복)는 시간을 무無로 돌린다. 찰라와 영원을 결구하려던 보들레르식 시도가 끝난 후 우리에게 남겨진 것은 서구 문명의 생산의 시간이다. 크로노스에는 카이로스가 없다. 오늘 우리의 삶에는 영원성뿐 아니라 과거(기억)도, 현재(주목)도, 미래(기대/희망)도 없다. 우리를 지배하는 동질적인 무한 연속의 시간은 오직 자원일 뿐이다. 견뎌야 할 삶(기억)도 남겨줄 삶(기대)도 없으므로 '건축'은 일시성으로 축소된다. 건축가는 잠정적 상태를 위해 짓고 또 짓는다. 인간이 살아야 할 근거인 사랑도 그러하다. '건축들'은 영속적인 것에 대한 희망/믿음이 물러난 시간을 일상적인 것들(의뢰자와 프로그램)로 채운다. '건축' 가능성은 무시간성zeitlos 안에서 열린다.

반복하건대 가능성은 불가능성을 전제로 삼는다. 불가능성이 가능하지 않으면 가능성이 가능하지 않다. 그런데 불가능성은 어떻게 가능한가? 불가능성이 가능한 것은 자아의 인식 바깥 영역을 책임지는 타자(자아의 불가능성)의 (존재) 가능성이다. 불가능성을 맡겨둘 타자(의 존재)가 불가능할 때 불가능성은 단순히 불가능한 것으로 머문다. 그럴 때 가능성 또한 불가능하다. 타자는 진실로 현존하지 않는가? 혹은 타자 없는 자아가 가능한가? 내가 생각하기에 그 질문에 대한 답은 단연코 부정적이다. 그러한 까닭에 '건축들'이 가능하기 위해서는 '건축' 또한 가능해야 한다는 결론에 이른다. '건축들'이 존재한다는 것은 '건축'이 존재한다는 것을 전제로 삼아야 가능하다. 존재 방식이 다르겠지만 말이다. '건축들'을 가능하게 하는 '건축'의 불가능성은 타자 때문에 가능하다. 불가능성의 가능성은 자아가 아니라 타자가 담보한다. '건축'이 불가능한 시대에 '건축'을 가능하게 하는 '건축들'의 불가능성 또한 그러하다.

사유의 가능성은 사유의 한계 혹은 좌절에서 개시된다. 사유의 불가능성은 타자의 불가능성이며, 그것을 가능성으로 옮기는 것은 사건이다. 반성적 판단은 규정적 판단과 달리, 전적으로 새롭게 구성해야 할 사건의 강제성에 의해 초래된다. 불가능성을 열어주며 바로 그로써 가능성을 열어주는 사건은 사유에 앞서 존재한다. 그것이 문제로서 앞에 던져질 때 사유가 열린다. 그러므로 사유를 기다리는 작업은, 곧 문제의 구성이다. '건축'과 '건축들'이 가능성의 평면에 공속할 수 있을 가능성은, 특히 현대성 안에서 분명히 하나의 문제다. 사유는, 인식은, 개념 혹은 이념을 요구한다. 인식의 가능성을 위해 자아, 타자, 신, 세계 등 인식 불가능한 이념이 요청되듯 '건축'은 '건축들'을 요구하고, '건축들'은 '건축'을 요구한다. 이념 없는 세계는 이념이 뒷받침한다. 이념은 존재하면서 그와 동시에 존재하지 않는다. 같은 방식으로 '건축'은 불가능하면서 그와 동시에 가능하다. 프로이트의 살해된 아버지, 라캉의 팔루스, '오브제 프리트 에이'가 그렇게 존재한다. 현대성 안에서 '건축'과 '건축들'의 의미는 무의미이며, 형식은 내용의 다른 이름이며, 형식의 가능성은 형식이다. 모든 것은 재귀적이다. 그런데 괴델이 증명했듯 내재성의 온전한 독립 혹은 내재성으로만 구성된 세계는 근본적으로 불가능하다.

그렇다면 초월성의 자리는 어디에 있는가? 초월성이 내재성에 존재하는 방식은 무엇인가? 내가 보기에 그것은 귀신의 양태와 다르지 않다. 귀신은 영혼 없는 몸인 좀비와 반대로 몸 없는 영혼이다. 그리하여 그것은 물리의 법칙을 무시한다. 귀신은 기氣이어서 대개 눈에 보이지 않고 오직 기운氣運(어떤 일이 벌어지려고 하는 분위기)을 드러낼 뿐이다. 내재성의 평면을 기운으로 휘몰아 감쌀 뿐 이제 할 수 있는 물질의 몫이 없다. 물리의 세계에는 귀신의 자리가 없다. 귀신은 오직 느낄 수 있을 뿐이다. 기운이 합리의 경로를 지나칠 때 감지될 수 있을 뿐이다. 뭇 사람이 죽은 방은 모종의 기운을 품는다. 긁힐 수 없는 곳이 긁혀 있거나 부러질 수 없는 곳이 부러져 있는 거주 불가능성의 전형인 폐가의 모습이 그러하지만, 설령 그러해도 기운이 이성이 세운 엄격한 구획을 넘쳐 감싸지 않으면 우발적 사고로 봉합될 뿐이다. 합리의 공간에서 간접 화법의 주체는 잠시 자리를 비웠을 뿐 여전히 존재한다. 귀신은 그와 달리 주어 없는 술어다. 존재가 불가능한 주체의 흔적이다. 그것은 내재성의 평면에 속하면서 그와 동시에 초월성의 평면에도 속한다. 이곳과 저곳의 문턱에 걸쳐 있다. 그런데 귀신의 현존은 어찌 알 수 있는가? 귀신 혹은 센 '기운'과 마주치는 순간 우리는 우리 속에 웅크린 타자로 출현한다. 그 순간과 마주하는 것은 사리 판단이 좌절될 때 출현하는 몸의 본능적visceral 정동이다. 나는 그것을 말할 수 없는 고통, 급작스러운 순간의 놀라움 혹은 규정적 판단을 좌절시키는 인식 출현 등의 사태에 직면할 때 생기生起하는 아도르노의 '이디오신크라시idiosyncracy'가 아닐까 생각한다.

초월성의 또 다른 자리는 허구(의 믿음)다. 프리드리히 실러가 제시하는 이해의 활동과 감성적 수동성 둘 다 허공에 매다는 '미학적 상태'가 대표적인 것으로, 랑시에르는 그것이 어디에도 존재하지 않는 까닭에 그럼에도 그것이 존재하는 것들을 존재하게 하는 까닭에 보충물이라 부른다.[1] 인식적 판단과 윤리적 판단에 선재하는 '미학적 차원'(칸트), 곧 "마치 그러한 것처럼the as if" 작동하는 '무관심성disinterestedness' 혹은 '무지 ignorance'가 그에 속한다. 그것은 미학적으로는 지배의 계기인 응시를 재-전유함으로써 특정한 에토스에 '사회적으로 온당한 것'으로서 할당된 특정한 경험의 몸을 해체한다. 그로써 새로운 감성의 세계를 짓는다. 인식적으로는 "비-디시플린 사유indiscipliunary thinking"로서 디시플린, 곧 지식의 영역의 테두리를 붕괴시키며, 윤리적으로는 선악의 구획을 해체하고, 정치적으로는 데모스demos, 곧 '몫 없는 자'로서 권력의 배분 규칙을 중화하는 "평등성의 공간"이다. 사르트르에게 그것은 이미지(상상적 의식)라 불린다. 대자를 즉자로 이월/초월시키는 에포케epoché의 계기로 작동한다.

우리의 세계는 무無세계, 곧 '세계 없는 세계'다. '세계 없는 세계'라는 세계의 또 다른 이름은 오늘날 지역이다. 지역(성)은 글로벌의 구성자이자 대립적(부정적) 대상이자 불가피한 부산물이다. 시간과 공간의 응축 혹은 소멸이 불가피하게 남기는 잉여다. 무한한 하늘 아래 모든 것을 비추는 태양이 드리우는 필연적 그림자다. '건축Architecture'이 '건축들architectures'의 보충물이듯 세계의 보충물이다. 랑시에르에 따르면 예술이 살아 있는 것은 그것이 자신의 바깥에 머무는 한 혹은 자신과 다른 무언가를 행하는 한에서다.[2] 그런데 어디 예술만 그러한가? (『건축평단』, 2016 겨울)

1 Jacques Rancière, *The Aesthetic Dimension: Aesthetics, Politics, Knowledge*, Critical Inquiry 36, Autumn 2009.

2 Jacques Rancière, *The Future of the Image*, trans. by Gregory Elliott, Verso, 2009, p.89.

DDP, 서울(2014년)(건축가 Zaha Hadid)

# 상품과 작품,
# 그리고 '(순수) 건축'의 가능성[1]

이 글에서 나는 아도르노의 미메시스mimesis 개념에 기대어 후기 자본주의 사회에서 건축(작품)이 가능한지, 가능하다면 어떻게 가능한지 모색한다. 그리하기 위해 '순수 건축' 우리 사회에는 순수 건축의 개념을 끌어들인다. 그것은 상품 사회에서 건축이 가능할 수 있을 범위를 '최대한' 넓히기 위해서다. '순수 건축fine/pure architecture'이 불가능하다는 것이 논리적으로 입증된다면 '응용 건축applied architecture'은 그에 따라 무조건 불가능하게 되는 것이 명약관화하기 때문이다.

이해를 돕기 위해 '순수 건축'이 무엇인지 몇 마디 첨언한다. 순수 건축은 건축이 현실과 만나는 접면이 없거나 최소 상태로 성립한다. 순수 건축이 (응용) 건축[2]과 맺는 관계는 미술fine art이 응용 미술과 맺는 관계와 같다. 후자 곧 건축이 안전, 기능, 프로그램, 재산 가치의 유지나 상승 등 현실적 유용성을 만족시켜야 한다면, 그리고 그리하는 가운데 그것 너머의 가치, 예컨대 기쁨과 같은 미학적 가치를 만들어내야 한다면, 순수 건축은 그러한 건축의 외재적 목적을 철저히 괄호에 넣은 채 오직 건축 그 자체의 가치로 성립한다. 순수 건축에 가치를 부여하는 것은 그것이 수행하는 실용적 기능이 아니라 그것이 달성하는 예술성이다. 그렇

---

1   이 글은 3년 전 쓴 습작 원고를 찾아내어 고쳐 쓴 것이어서 직접이든 간접이든 인용 출처가 명확하지 않다. 이 글을 읽는 독자에게 그 점에 대해 큰 양해를 구한다.

다면 순수 건축과 다른 예술 작품, 예컨대 미술이나 조각이나 설치 작업 등은 무엇이 다른가? 순수 건축 또한 예술 작품인 까닭에 그것들과 다른 것은 근본적으로 없다. 순수 건축이 다른 예술 작품들과 다르다면 그것은 오직 그것이 기대는 언어 혹은 매체가 다를 뿐이다. 마치 음악이 소리에, 춤이 몸에, 시가 언어에 기대듯 순수 건축은 건축(건물)을 구성하는 요소들에 기댈 뿐이다. 그리하되 그것들을 조건 지우는 클라이언트, 예산, 법, 생산 관계와 생산 방식 등과 같은 현실의 힘들, 달리 말해 프로이트의 현실 원칙 혹은 마르쿠제의 수행성 원칙 등을 따르지 않을 뿐이다. 따라서 순수 건축은 자율적 건축 또는 절대적 예술과 동의어라 할 수 있다. 그러므로 순수 건축이 존립하는 사회적 방식은 여타 예술과 다르지 않다.

심지어 인간과 신(혹은 성스러움)마저 돈이, 자본이, 가치를 결정하는 오늘날 순수 건축의 가능성을 숙고하는 것은 이미 오래전에 불가역적으로 소멸해버린 어떤 것, 그러니까 사망한 이를 다시금 소환해 부활시키고자 하는 만큼이나 터무니없고 어리석은 일 같다. 우리의 사회적 삶을 구성하는 모든 사물은 후기 자본주의 사회에서 상품으로 존재하기 때문이다. 거기서는 인간의 어떠한 활동도 상품화를 벗어날 수 없다. 그럼에도 상품화로부터 독립적인, 그래서 스스로 존재하는, 타율적이 아니라 자율적인, 절대적 건축을 선취할 가능성을 틈새만큼이나마 열 수 있는 것은 자본주의에 내재적인 모순과 한계 때문이다.

누구나 어렵지 않게 동의하겠지만, 예술 작품은 상품이면서 그와 동시에 상품이 아니다. 이 진술은 즉각적인 해명을 요구하는 까닭에 한 문장으로 즉답한다. 예술 작품이 예술 작품으로서 성립하는 것은 그것이 오직 상품 형식으로만 출현할 수 없기 때문이다. 말하자면 예술 작품은 성립 혹은 존재 방식이 일반 상품과 다르다는 것이다. 예술 작품 또한 분명히 상품이다. 그런데 그것은 희한하게도 다른 모든 상품으로부터 분리되고 구별되는 모종의 특이성을 지닌다. 그러니까 상품은 상품이지만, 차원이 다른 '특이한' 상품이라는 것이다. 이로써 예술 작품은 상품이면서 상품이 아니라는 이율배반 혹은 갈등이 발생한다.

자율적인 예술 혹은 개념은 자본주의의 산물이며 효과이며 징후다. '자율'이라는 개념 그 자체가 이미 자본주의 사회의 '상품화의 보편화 논리'에 맞서 출현한 것이기 때문이다. 그런데 무엇이 자본주의 사회에 존재한다는 것은 그것이 자본주의가 구성하는 사물 형식에 어떤 형식으로든 참여한다는 것을 뜻한다. 따라서 자율적인 예술은 상품화 논리에 (부정적으로) 참여함으로써 필연적으로 자율성을 잃는다. 그러니까 자본주의 상품 문화 논리는 자율적인 예술을 성립시키면서 그와 동시에 성립시키지 않는다는 것이다. 자유 시장 경제는 그것을 무가치한 것으

---

2   우리 사회에는 순수 건축을 실천하는, 곧 건축을 '예술(fine art)'로 작업하는 건축가가 아직 없으니 순수 건축이 무엇인지 개념이 잘 잡히지 않을 것이다. 이 경우 가깝게는 '뉴욕 블랙 아키텍트'로 불린 이른바 세 명의 '페이퍼 아키텍트' 존 헤이덕(John Hejduk), 래이먼드 아브라함(Raimund Abraham), 그리고 레비우스 우즈(Lebbeus Woods)를, 멀리는 르두(Claude-Nicolas Ledoux, 1736~1806)와 불레(Étienne-Louis Boullée, 1728~1799)를 떠올리거나 찾아보면 큰 도움이 될 것이다. 이들이 르코르뷔지에를 비롯해 리베스킨트(Daniel Liebeskind)나 스코피디(Diller Scofidio) 등 건축가 개개인, 그리고 건축(사)에 미친 영향은 실로 엄청나다. 오늘날 (유럽) 현대 건축의 역사를 장식하는 적지 않은 건축가들은 또한 그들보다 앞서 살았던 건축의 대가의 작품들만큼이나 피라네시(Giovanni Battista Piranesi, 1720~1778)의 판화들에서도 큰 영향을 받았다. 다음의 글을 참고하라. Pablo Castro, 「좋은 건축이란 무엇인가」, (『건축평단』, 2015 봄(창간호)).

로, 곧 무효용성의 상태로 존재하게 한다. 그럼에도 만의 하나 순수 건축 혹은 자율적 예술 작품이 '상대적 독립성 안에서' 성립할 수 있고, 정확히 그로써 가치를 가질 수 있다고 한다면 그것은 (그것을 둘러싼) 시장 경제 사회의 상품화 논리에 특이한 형식으로 끼어들기 때문이다.

자율적인 예술의 소멸과 자본주의 문화의 확장이라는 동시적 현상은 전자와 후자가 공존할 수 없다는 사실을 심지어 그것을 넘어 적대적 관계에 놓여 있다는 사실을 가리킨다. 예술은 오직 상품화에 저항함으로써만 예술의 자기결정, 곧 자율성을 지켜낼 수 있다. 예술은 그리함으로써만 자본에 의한 '생활 세계의 식민화'에 대한 비판 기능을 떠맡는다. 예술은 그리할 수 있는 유일한 방도로 (마케팅 자본주의) '사회로부터 물러남'을 택한다. 자신의 순수성을 지키기 위해 상품 소비 사회로부터의 자유로움을 택한다. 예술은 그 대가로 무력성을 지급한다. 와일드 Oscar Wilde는 『도리언 그레이의 초상』 서문에서 "모든 예술은 아주 무용하다. All art is quite useless"고 썼다. 아도르노는 이렇게 썼다. "오직 교환 원리에 굴복하지 않는 것만, 지배로부터 자유로운 것의 전권대사로 행사한다. 오직 무용한 것만 저해된 사용 가치의 자리에 들어설 수 있다. 예술 작품은 교환, 이익, 그리고 타락한 인간의 거짓 욕구들에 의해 이제 왜곡되지 않는 사물들의 전권대사다."

무용성은 초超자본주의가 장려하면서도 억압하는 매우 이상한 가치다. 리비도(성 에너지)를 생산 엔진으로 삼는 까닭에 '즐겨라!'고 명령하지만, 오직 다른 형태의 소비, 그리고 차후의 생산성 효율 제고의 기획 안에서만 즐기도록 통제함으로써 그 기획에서 벗어난 즐김을 억압한다.

모든 것을 재화(자본) 축적의 수단으로 삼는 상품 사회는 존재론적 진
정성을 박탈한다. 상품화는 근본적으로 등가성에 의한 추상화로 이뤄
지기 때문이다. 자본주의 사회에서는 모든 파토스가 그러하다. 상품화
의 구속으로부터 풀려나 삶을 자유롭게 만끽하는 상태는 모든 노동자
가 노동 인생의 끝에 도달하고자 꿈꾸지만, 그 순간은 결코 오지 않는
다. 진정한 은퇴는 없으며, 따라서 진정한 즐김 또한 없다. 그러므로 진
정한 삶도 진정한 죽음도 없다. 사회적 존재로 머무는 한 진정한 것은
어떤 것도 없다. 허락되는 것은 오직 '피상성의 파토스' 뿐이다. 진정성은
자본주의 사회에서 살기 위해 바쳐야 하는 대가다.

다시금 말하지만, 예술은 (일상적 삶의 수행에) 무용하다. 그런데 삶(생
명) 또한 근본적으로 무의미하고 무용하다. 삶의 의미와 목적은 바로
그 무용성을 조형하는 관념의 산물로서 그것의 근거는 주관밖에 없다.
예술 (작품)은 무용성을 붙잡음으로써 상품 사회에서 기껏해야 주변
적 존재로 머물거나 '아직은 상품화 되지 않은' 상태에 머문다. 타푸리
Manfredo Tafuri의 표현처럼 자본주의 사회에서 예술 작품은 '숭고한 무
용성'으로 사회의 예외적 존재로 서성인다.[3] 그렇다고 해서 자본주의 사
회 한가운데에 뛰어들고자 하는 예술가 또한 상품화에 대한 저항을 온
통 포기할 수는 없다. 자신의 작품을 상품이라고 대놓고 떠드는 예술가
는 그리 말할 수 있는 상품성, 곧 예술가 아우라를 이미 얻었다는 방증
이다. 실천과 비평은 이 지점에서 종종 머뭇거린다. 그리고 항상 갈등한
다. 아도르노의 미메시스 개념은 그 난감한 상황을 해소하는 데 도움

---

3   보들레르의 시는, 온전히 발전된 상품 사회에서 예술은 오직 자신의 무력성을 대가로만 상
    품화 힘에 저항할 수 있다는 것을 약호화한 최초의 경우다.

된다.

"절대적인 예술 작품은 절대적인 상품으로 수렴된다."[4] 아도르노Theodor Adorno가 『미학이론』에서 단 한 번 언급한 이 문장은 그가 『계몽의 변증법』에서 제시한 전도順倒적 미메시스 개념을 가장 명증하게 진술한 문장이기도 하다. 이것이 뜻하는 바는 예술 작품은 우선 상품이 되어야 한다는 것이다. 상품이 되기를 거부하거나 상품으로 존재하는 사실을 부인(하거나 오인)하는 것은 예술 작품이 된다. 그러니까 상품에 비판적으로 기능하는 데 도리어 장애다. 지머만Dan Zimmerman은 그 점을 웅변적으로 진술한다. "예술의 자율성 모델은 재정적 도구들 때문에 필연적으로 분쟁에 처하지만, 지구적 경재 내에서 하나의 시장, 그리고 산업으로서 더 강해질 수 있다."[5] 상품화 구조는 자율적 예술이 성립 가능한 조건이면서 그와 동시에 성립 불가능한 조건이다. 핵심 문제는 어떻게 예술 작품이면서 그와 동시에 상품이라는 이중적 존재가 가능한가라는 것이다. 실마리는 '절대적인 것'과 사용 가치의 중첩에 놓여 있다.

예술이든 아니든, 성스러운 것이든 아니든, '절대적인 것'으로 인식되는 것은 모두 이데올로기 혹은 페티시즘 구조에서 나온다. '예술을 위한 예술', 곧 '순수한 예술'은 사회적 구성, 따라서 상품화를 은폐하는 한 이데올로기/페티시다. 상품이면서 그와 동시에 상품을 부정하는 현대 예술은 자본주의에 대한 비판이자 자본주의 그 자체의 이데올로기로서 자본주의에 내재하는 이상한 모순이다. 상품도 마찬가지다. 상품 중의 상품인 돈이 보여주듯 사용 가치로부터 교환 가치의 독립에 의해 규정되는 상품의 성격 또한 사회적 노동과 사용의 관계를 은폐하는 한 이데올로기/페티시다. 이것은 상품의 자율성이 결코 온전할 수 없다는 것을 뜻한다. 마르크스가 분명히 했듯 궁극적으로 교환되는 것은 사용 가치다. 무엇인가 사용될 수 있기를 멈출 때, 그것은 교환될 수 있는 것으로서도 멈춘다. 결국 절대적인 상품은 정확히, 절대적인 예술 작품만큼 불가능하다.

절대적인 예술과 절대적인 상품, 이 둘은 모두 이데올로기/페티시라는 점에서 같거나 유사하지만, 둘 사이에는 근본적인 차이가 존재한다. 둘 다 이데올로기/페티시로 출현하는 한 자율성을 지니지만, 전자는 교환 가치의 보편적 특성을 벗어남으로써 사용 가치를 구원하는 기회를 갖는다. 예술 작품은 마치 사회적 규범/의미를 중지시키는 꿈처럼 사용 가치의 폐기, 곧 무용성을 통해 대안적 사용 가치를 내어놓음으로써 그리한다. 아무 쓸모없는 시詩는 상품이 되어 팔려도 이익(자본)에 봉사하지 않는다. 예술 작품은 또한 소비자를 중심에 두는 상품과 달리 생산자를 중심에 둔다. 소비에 무관심한 채 단독자적 존재를 고집하며 소비에 저항한다. 의미 영역을 담당하는 예술 작품은, 특히 공적인 예술에 속하는 건축은 사유私有화에 맞선다.

예술 작품은 어떤 힘으로 자기를 고집하는가? 아도르노는 그것을 객체성/추상성에서 찾는다. "보들레르의 작품의 힘은 그것이 살아 있는 주

---

4    여기서 '절대적인'은 타율성의 개입이 온전히 배제된, 따라서 오직 자기결정에 따르는 자율성과 같은 뜻이다.

5    Dan Zimmerman, *Art as an Autonomous Commodity within the Global Market*, May 3, 2012, Art and Education.

체 이전에 – 모든 인간적 흔적을 지워내는 – 작품의 객체성 그 자체로써 상품 성격의 가공할 객체성을 앞당긴다. 절대적 예술 작품은 절대적 상품을 만난다." 철저한 무용성, 곧 "모든 인간적 흔적을 지워내는" 예술의 객체성/추상성이 제시하는 것은 허구다. 모든 예술 작품은 '빛나는 허구'다. 바디우의 용어로 '새롭고 위대한 빛나는 허구'다. 허구인 까닭에 파괴가 불가능하다. 무용한 것이어서 등가적 교환이 불가능하다. 자율성은, 순수성은 그렇게 오직 현실로부터 거리를 둠으로써 현실의 안티테제로 존재함으로써 성립한다. 시적/미학적 거리두기는 그것의 한 방편이다. 비판성은 거기서 열린다. 아도르노가 마르크스를 끌어오는 것은 바로 이 지점, 곧 상품의 추상성의 해명이다. 교환 가치는 추상화된 노동의 양이다. 상품의 교환 가치는 정확히 그것에 의한 사용 가치의 추상성에서 비롯한다. 자본은 뱀파이어처럼 살아 있는 노동을 빨아먹음으로써만 산다. 예술 작품의 객체성은 죽은 노동의 내부화로부터 연유한다.

인간의 흔적을 철저히 삭제하는 예술의 객체성/추상성은 칸트의 미학적 판단과 맞물린다. 예술은 칸트 이후 절대적인 것의 매개로 출현한다. 조건 지워진 것에 의한 무조건적인 것의 제시, 주체성에 의한 객체성의 제시, 자연에 의한 자유의 제시가 그러하다. 절대적인 예술 작품은 절대적인 상품으로 수렴된다고 진술하는, 그리고 예술 작품을 자본의 '기관'으로 제시하는 아도르노는 칸트와 단절하는 방식으로 칸트를 이으면서 중대한 문제에 직면한다. 감각적인 것을 부정하는 추상은 미학 범주를 벗어나기 때문이다. 상품 성격에 대한 마르크스의 해명은 그 문제를 해결할 실마리다. 마르크스에 따르면 상품은 감각적인 것이 초감각적인 것으로 변형됨으로써 발생한다. "탁자는 상품으로 출현하는 순간 (감각적으로) 초감각적인 사물로 변한다." 그런데 사용 가치가 성립하는 것은 바로 그 속에 추상적인 인간 노동이 객체화되거나 물질화되어 있기 때문이다. 예술 작품 또한 감각적인 것의 초감각적 나타남 혹은 초감각적인 것 속에 머물고 있는 감각적인 것으로서 성립한다. 그것이 제시하는 것은 포착되는 것 혹은 한계 지워지는 것, 그리고 바로 그로써 그것을 넘어서는 형식, 곧 한계 지워짐으로부터 자유롭게 되는 주체의 출현 형식이다.

절대적인(자율적인) 예술 작품 페티시는 아도르노에 따르면 상품 페티시와 다를 뿐 아니라 그것을 넘어선다. 예술 작품에는 마술이라는 역사의 뿌리가 혼합되어 잔존하기 때문이다. 그런데 마술은 오직 잔여로만 존재하는 까닭에 상품 페티시와 마술 페티시 어디에도 속하지 않는다. 핵심은 마술 페티시는 표상하는 대상으로부터 온전히 추상적일 수 없는 '미메시스 형식'으로 존재한다는 데 있다. 예컨대 한 인간의 표상은 그 인간의 실제 머리카락을 필요로 한다. 미메시스는 그리하여 계몽(도구적 이성)이 억압하는 것, 그것의 비-진리를 드러낸다. 진리는 오직 계몽의 비판, 곧 자기반성을 통해 나타난다. 아도르노와 호르크하이머가 보기에 보편적인 상징화/추상화를 통한 계몽의 발전은 사용 가치라는 특정성을 억압하는 교환 가치의 보편화를 통한 자본주의 발전과 깊은 유사성을 지닌다.

마르크스의 상품 페티시즘 해명은 상품이 그 가치의 사회적 구성을 은폐하는 정도와 연관된다. 그런데 흥미롭게도 가치는 추상적인 노동 혹은 사회적으로 필요한 노동 시간의 양이라기보다 상품의 감각적 특성들의 질로서 나타난다. 마르크스의 해명에는 두 형식의 환영이 농축되어 있다. 하나는 가치를 상품의 감각적 특질에서 읽으려는 시도, 곧 상품의 감각성이라는 환영이다. 그것이 환영이라는 사실은, 교환 가치는 감각적인 것이 아니라 추상적이라는 것, 추상적인 노동 시간의 약진이라는 것을 알 때 드러난다. 다른 환영은 첫 번째의 원인이자 결과다. 주체와 객체의 전도. 이것은 가치 형식의 자율성이라는 환영, 곧 자본이 살아 있는 노동에 의한 구성으로부터 독립한 채 '자기-가치화'하는 가치로서 자신을 실현한다는 환영이다. 이것은 자본이 노동에 의존해 있다는 것을 알 때 드러나는 환영이다. 첫 번째 환영은 자본의 가능성 조건인 가치의 추상적 속성을 보지 않는 반면, 두 번째 환영은 자본의 내재적 한계의 가능성 조건과 사회의 대안적 형식인 살아 있는 노동에 대한 자본의 의존을 보지 않는 것과 관계된다.

자율적인 예술 작품에 대한 아도르노의 해명은 첫 번째 환영(페티시즘)을 두 번째 환영(자본의 자율성)에 개입하는 방식을 취하는 방식이다. 자율적 예술 작품은 페티시된 상품, 말하자면 즉각적으로 추상적인 것이 아니라 추상의 감각적 집착, 가치 형식의 감각적 집착이라는 것이다. 예술 작품에 남아 있는 지울 수 없는 육체의 흔적, 곧 벤야민이 해명한 아우라가 무시로 출몰한다. 이것이 바로 추상성에 의한 구성에도 예술 작품에 미학적인 것이 남아 있는 근거다. 예술 작품의 감각성, 더 정확히 추상적인/초감각적인 감각성은 그것을 단독적인 것, 곧 자기 고집과 자율성이 확보되도록 하고 그로써 교환 가치의 보편화하는 논리에 합류하면서도 분기되도록 한다. 마르크스의 페티시즘 해명에서처럼 자율적인 예술 작품의 객체성이 주체의 성격을 띠는 것은 그러한 맥락에서다. 그것은 자본이라는 보편적 주체에 참여함과 동시에 그에 맞섬으로써 단독적 주체로 출현한다. 자율적인 예술 작품은 바로 이 이중성을 통해 '특이한' 상품이 된다. 자율적 예술 작품에 대한 하이데거의 해명 방식은 존재론적이다. 예술 작품은 무용성과 '생산되었음' 사이의 긴장 때문에 자신(의 단독성)이 열어내는 영역 속에 고유하게 속한다. 예술 작품에 내재하는 그 긴장은 그것의 두 본질적 특성인 세계와 대지 간의 다툼/불화/갈등에서 연유한다. 전자는 자신을 열어 우리가 접근 가능하도록 허락하지만, 후자는 자기 고집으로 모든 규정화/범주화/보편화를 거부한다. 자신을 열면서 은폐하거나 은폐하면서 연다. 이글턴Terry Eagleton은 예술의 자율성/독립성을 "삶과 죽음 사이에 매달려 있음"의 긴장으로 해명한다.[6]

교환 가치는 페티시즘의 대립항인 타율성의 원리로서 '특이한' 상품에 대해 지배를 행사하면서 거둔다. 혹은 그것을 등가법칙에서 벗어나는 별도의 가치로 수용함으로써 없애기보다 보존한다. 그리하여 상품처럼 즉자의 가면을 쓰는 예술(작품)은 교환 가치의 보편원리 바깥에 고유한 영역을 확립한다. 그런데 예술의 생존은 자신의 페티시즘을 의식하는 순간 위태로워지면서 그것을 완강하게 역설하지만, 다른 방도로는 존재할 수 없을 것이라고 주장하는 것으로써는 환영을 지킬 수 없다. 그것이 힘겹게나마 망상을 넘어서는 데 성공하는 것은 그것이 지닌 이율배

6  "예술 작품은 생명 에너지가 충만하게 보이지만, 생기 없는 오브제에 불과하다. 페이지 위의 표식들 혹은 캔버스 위의 색조들 혹은 장선 위의 활 긁기가 어떻게 그렇게 생명을 풍요롭게 환기할 수 있는지는 예술의 신비다."

반, 곧 비합리성의 합리성에 대한 통찰이다. 괴테의 말처럼 예술은 진실이 아니라 진실의 외관과 관계한다. 그러므로 순수 건축은 진리와 비진리(거짓), 현상과 존재, 예술과 상품, 이 양극의 모순적 얽힘을 통해 자기비판의 계기를 담보함으로써 그러니까 교환 불가능성(의 가능성), 무가치(의 가치), 무용성(의 사용 가치)이라는 자본주의의 모순과 한계 혹은 문제(물화와 소외)를 미메시스 함으로써 상품화의 타율성을 극복한다. 철저히 상품이 되면서도 상품화 논리에 저항하는 자기 고집 논리를 고수함으로써 상품의 한계와 모순을 넘어선다. 혹은 상품으로부터 철저히 독립함으로써 그리한다.

헤이덕이 '진정한 건축 프로그램'이라 명명한 것이 정확히 그러하다. 그는 의뢰(자)로부터 완전히 독립한 채 작업한다. 자신의 작품이 상품이 되는 것은 그 이후의 일이다. 결국 작품의 주체화(자기 고집), 곧 현실로부터의 독립 혹은 순수성의 정도가 관건이다. 그것은 필연적으로 현실의 부정/비판(부정성의 미메시스)으로 나타나는 까닭에 진정한 의미에서 허구다(예컨대 그가 파악하기에 그를 둘러싼 사회는 오직 삼차원만 찬양하는 까닭에 그는 공간의 붕괴를, 심지어 시간의 붕괴를 시도한다). 그러한 허구는 순수성이 극점에 이를 때 빛난다. 시인과 철학자는 그것을 '위대한 허구'라 부른다. (『건축평단』, 2018, 겨울)

하월곡동, 서울(1999년)

# 기술 대對 지혜

## 인간은 기술적 존재다

기술은 인간을 인간으로 존재하도록 해주는 인간됨의 한 차원이다. 그러므로 기술은 특정 시점에 출현한 것이 아니라 인간과 기원을 같이한다고 봐야 한다. 기술 없는 인간은 단순히 생각할 수 없기 때문이다. 인간은 기술적 존재다.

그런데 인간은 기술적인 존재'만'은 아니다. 인간은 기술적이면서도 예술적이고 형이상학(종교)적인 존재다. 그러한 까닭에 어떤 이들은 주술呪術이나 주문呪文에 자신의 존재를 기탁하기도 하고, 또 어떤 이들은 영생이나 윤회나 사후 세계로써 자신의 삶을 틀 짓기도 하고, 심지어 자기 생명의 희생을 통해 존재의 의미를 찾기도 한다. 이것이 시사示唆하는 것은 기술적 존재인 인간은 기술에 대해 반성할 수 있다는 점이다. 비非기술적인 지식이어서 결코 기술적일 수 없는 지혜[1]가 요청되는 것은 바로 이 지점이다.[2]

---

1    여기서 '지혜'란 '지혜를 사랑하기'를 뜻하는 필로소피아(philosophia), 곧 철학을 가리킨다.

## 기술을 바라보는 세 관점

"테크닉technic"과 "테크놀로지technology(테크닉의 논리/연구)"라는 용어의 어원은 그리스어 테크네다. 본디 목수의 공예(와 같은 하나의 특별한 제작 실무)와 연관된 일군의 지식을 가리킨 테크네는 나중에 의미가 확장돼 항해, 연주, 농사, 정치, 치료 등을 망라하게 됐다.

그런데 그러한 기술을 고대인들은 늘 의심의 눈초리로 쳐다봤다. 항아리에 물을 담아 힘겹게 물 떠와 밭일 하는 노인에게 젊은이가 왜 편리한 기계를 쓰지 않는지 물었다는 장자 이야기가 대표적이다. 노인 왈, 마음이 기계에 사로잡히면 인간의 본성을 망친다. 아무리 좋은 약도 부작용이 있기 마련이듯 아무리 좋은 기계도 부작용이 있다는 말이다. 노인은 그것을 주체적 능력의 상실로 본 듯하다. 마치 노래방 기계 때문에 우리가 노래 가사를 기억하지 않거나 못한다든지, 스마트폰 때문에 아주 가까운 사람들의 전화번호마저 외우지 못한다든지, 내비게이션 때문에 공간 식별 능력이 크게 약해진다든지 하는 경우가 그에 해당한다. 이렇게 빠른 속도로 인간을 닮아가는 기계에 우리(의 생각하고 행하는 능력)를 내맡김으로써 우리는 도리어 그만큼이나 빨리 기계로 변해가는 상황은 우리가 그리 어렵지 않게 가늠해볼 수 있는 얄궂은 사태다.

그뿐 아니라 우리의 삶이 모종의 기계에 의존하게 되는 순간 그것이 연이어 몰고 오는 사태는 돌이킬 수 없을 정도로 진행되어 누구도 걷잡기 어렵게 된다. 당장 그 기계를 보관할 장치(공간)와 기계가 고장 났을 때 수리할 기계들이 필요하고, 그러한 기계들을 만들고 팔고 개량할 기계들(과 공간)과 그것들에 종사할 사람들의 삶을 지속하기 위해 그 기계보다 더 나은 성능의 새로운 기계를 만들어야 하고, 그로써 본디의 그 기계를 폐기할 기계들(과 사람들), 폐기된 기계를 처리할 기계들(과 공간들) 등 궁극적으로 단 하나의 기계가 문제없이 작동하는 데 일종의 총체적인 기계 생태계가 필요하게 된다. 따라서 '가장 지혜로운 자'로 신탁神託받은 소크라테스는 인간이 자신이 발 딛고 있는 땅에 의존해 그것을 다루며 살아가도록 해주는 가장 기술적이지 않은 (따라서 가장 철학적인) 기술인 농업agriculture을 가장 선한(덕스러운) 기예로 간주했다. 소크라테스의 판단에 따르면 기술은 마땅히 온당한 한계를 설정해 제어해야 한다.

기술은 계몽 시대에 이르러 유토피아의 낙관을 떠받치는 기둥으로, 그러니까 계몽주의자가 쫓아야 할 전범으로 바뀐다. 베이컨Francis Bacon은 이렇게 말했다. "과학에 토대를 둔 인간의 왕국은 천상의 왕국과 그리 다르지 않다." 기술은 버틀러Samuel Butler의 에레혼Erewhon, Nowhere이라는 단어를 가운데 두 글자를 중심으로 뒤집은 말이 보여주듯 그와 동시에 디스토피아의 상징이기도 했다. 기술에 대한 관점은 간단히 기술을 의심의 눈초리로 보는 전근대적 관점, 기술을 찬양하는 근대적 관점, 기술을 회의적으로 바라보는 근대 이후의 관점 등 세 가지로 구분해볼 수 있다. 혹은 20세기 안에서도 부정적 관점M. Heidegger, J. Ellul, 긍정적 관점A.

---

2   아리스토텔레스는 『니코마코스 윤리학』에서 앎을, episteme(인식지, 과학적 지식), techne(제작지, 예술이나 공예와 관련된 지식), phronesis(실천지, 사려 분별), nous(직관, 직각, 직감), sophia(지혜, 테크네를 포함해 일반 지식의 완전한 상태) 등 다섯 가지로 구분했다. 여기서 네 번째 곧 수학의 공리처럼 모든 지식의 토대를 형성하는, 따라서 증명되지 않고 증명할 수 없는 지식이다. 다섯 번째 지혜 또한 그러한데 고대 그리스 철학자들에 따르면 그것은 오직 신들만 가질 수 있는 지식이다.

Feenburg, 중도적 관점A. Pickering, B. Latour으로 나눌 수 있다. 나는 핀버그 A. Feenburg의 다음의 관점에 동의한다. "인간이 무엇인지, 그리고 무엇이 될지는, 정치가들의 행위나 정치적 운동들만큼이나 우리 도구의 꼴로 결정된다. 이처럼 기술의 디자인은 정치적 결과를 초래하는 하나의 존재론적 결정이다. 이러한 결정에 대다수가 참여하지 못하도록 배제하는 것은 중대하게 비민주적이다."[3]

## 기술은 인간의 욕망을 파는 자본주의 시장 경제와 맞물린다

기술이든 기술이 아니든 인간사와 관련된 모든 것은 인간 세계 안에 자리 잡고 그 구조에 따라 흥망성쇠의 운동을 한다. 따라서 기술의 속성이나 본질 또한 응당 그 맥락에서 해명해야 현실적이다. 따라서 나는 기술을 인간 존재의 관점에서 이렇게 해명한다. 기술이란 인간이 자신의 한계를 확장해 종국적으로 무소부재無所不在하고 전지전능全知全能한 신이 되고자 하는 (헛된) 욕망의 기획이다.[4] 자신이 원하는 것을 손에 쥐는 데 필요한 장치의 고안이, 곧 기술이라는 것이다. 기술은 인간의 욕망과 맞물려 있다. 자본주의가 기술에 의존할 수밖에 없는 것은 오직 기술로써 자본의 생산과 증식을 가장 분명하고 가장 확실하게 이루어낼 수 있기 때문이다. 자본주의를 떠받치는 것은 무엇보다도 욕망의 거래다.

기술은 구체적으로 현대 사회에서 어떻게 존재하는가? 기술의 권능은 계산적 합리성에 있다. 효율성과 생산성을 두 개의 핵으로 삼는 기술은 모든 것을 계산 가능한 것으로 만들고 (심지어 비합리적인 무엇도) 합리적으로 구성한다. 그럴 뿐 아니라 하이데거가 말했듯 기술은 모든 것에게 달려들어 효율과 생산을 닦달한다. 김형효 교수의 표현으로 도발적으로 짜낸다. 혹은 강요한다. 기술이 인간에게 미치는 가장 무서운 사태는 기술 지배 아래 놓인 인간이 바로 기술의 방식으로 생각하고 행동하도록 변하는 것이다. 기술 영역을 벗어나 모든 사태를 효율성과 생산성에 근거해 도구적으로 대하고 관계하며 처리해 가는 것이다. 마침내 예컨대 〈은밀한 유혹Indecent Proposal〉에서처럼 '계산할 수 없는' 혹은 '계산해서는 안 되는' 인간의 몸과 마음을 시험에 들게 하고, 결국 우리를 좋은 쪽으로든 나쁜 쪽으로든 변하게 만드는 것이다.

AI 그리고 생명 복제와 유전자 가위 기술로 대변되는 현대 기술은 마치 신의 경지에 오른 느낌이다. 이것이 가리키는 것은 그만큼 우리가 기술 지배로부터 벗어나기 어렵게 되었다는 것뿐 아니라 기술이 미치지 않는 공간을 만들어내는 것 또한 더 힘들게 되었다는 것이다. 인간이 기술적 존재로 환원되어 가는 일이 달갑지 않은 수준을 넘어 깊이 우려할 사태로 다가오는 만큼 기술의 진행 경로에 (신중하고 사려깊이) 개입하는 일은 코앞의 정치적 사안들만큼이나 절박한 사태다.

## 기술 문제의 핵심은 특정 디자인이다

기술의 속성 혹은 본질은 보편적으로 규정하기 어렵다. 21세기에 들어서면서 철학자, 역사가, 과학자는 과학의 속성nature에 대해 어떤 의견에

---

3  Andrew Feenberg, *Transforming Technology*, Oxford University Press, 2002, p.3.
4  "기술은 세계를 인간이 소망하는 방식에 더 가깝게 가져오고자 하는 계속 진행 중인 시도다." Stanford Encyclopedia of Philosophy.

도 일치하지 못했다. 기술은 그보다 상태가 더 나쁘다. 미국의 과학 철학자 워톱스키Marx Wartofsky는 '기술'이라는 용어는 너무 막연해 그 영역을 규정할 수 없다고 했다. 미국 기술 역사가 미사Thomas J. Misa에 따르면 "기술 역사가들은 '어떤 학문적 예술사가도 예술을 정의하고자 하는 유혹을 전혀 느끼지 않을 듯한 것과 같은 방식으로' '기술'을 규정하는 것에 대해 지금까지 저항해왔다."[5] 기술은 너무 복잡하고 다양한 영역이어서 규정할 수도, 기술의 속성에 대해 이야기할 수도 없다는 것이다. 이것이 뜻하는 바는 우리는 오직 특정한 맥락의 특정한 기술에 대해서만 엄밀히 논의할 수 있다는 것이다. 예컨대 AIDS와 같은 질병을 치유하는 기술은 일반적 방식으로는 최대한 효율적인 것을 찾을 필요가 있지만, 유전자 가위 기술이 거기에 포함되어야 할지는 윤리적 차원의 토론이 필요하다.

그럼에도 기술은 세계를 변화시키는 것을 목표로 삼고 있다는 점에서 '있는 그대로의 세계'를 이해하고자 하는 과학과 근본적으로 다르다. 기술은 과학과 달리 행위의 평면에 속한다. 기술은 인공물artefact의 창조와 그것에 근거한 서비스와 관계한다. 기술 실천의 핵심을 형성하는 것은 목적을 지향하는 디자인 과정이다.[6] 따라서 우리가 기술에 개입하는 것은, 곧 특정 디자인 과정에 개입하는 것이다. 디자인은 늘 모종의 가치에 따라, 그리고 창조적 아이디어들에 대한 합리적 선택에 의해 결정되는 것이어서 그 과정이 열려 있다.

예컨대 자전거는 초기에 스포츠맨의 경주/쾌락 도구와 실용적 이동 도구라는 두 형태로 출현했다. 19세기 중엽 영국에는 새로운 기계들이 출현하면서 근무 일수와 아동 노동 문제가 출동했다. 1844년 공장 법규에 관한 쟁론爭論은 기술 발전의 필연성과 이데올로기가 맞부딪힌 현장이다. 가족 이데올로기 편에 선 사람들은 기계 발전이 아이들과 여자들을 노동 현장에 내몬다며 항의했고, 공장 주인들은 아이들이 '잘 혹은 더 잘'할 수 있는 노동을 성인이 하는 것은 비효율적이라며 비난했다. 그뿐 아니라 더 비싼 성인 노동으로 대체할 경우 발생할 가난과 실업 증대와 국제 경쟁력 하락 등 경제적 파국을 경고했다. 19세기 미국의 증기선 보일러 법규 제정 사건은 기술 발전에 디자인이 미친 흥미로운 사례다. 그 당시 대중 교통의 핵심 방편이었던 증기선 사고가 참혹하게 연거푸 터지면서 필라델피아 시가 안전한 보일러 디자인을 고심했고, 의회는 산업계에 보일러 안전 법규를 부가하고자 했다. 그러자 보일러 제작자와 증기선 소유자들은 거기에 거세게 저항했고, 정부는 사적 재산에 개입하기를 꺼려했다. 그러는 동안 첫 조사 이후 수십 년이 흐르면서 5천 명이 사고로 죽었다. 보일러는 무엇인지, 어떠해야 하는지 등 보일러에 대한 규정은 그렇게 오랜 과정의 정치 투쟁을 통해 만들어졌다. 핀버그는 따라서 다음과 같이 썼다. "오직 자본주의의 단순화(탈숙련화) 성공으로써 이러한 기술의 인간적 차원들이 마침내 주변부 현상들로 환원됐다. 현대 경영도 그와 유사하다 ⋯ 기술의 모범적 현대적 지배자는 생산과 이익에 전심전력하는 기업가다. ⋯ 하나의 특정한 헤게모니다."[7] 기술 발전에는 사회적 가치(의미)와 기능적(경제적) 합리성이 불가분하게

5    Internet Encyclopedia of Philosophy.

6    Stanford Encyclopedia of Philosophy.

7    Andrew Feenberg, *Democratic Rationalization: Technology, Power, and Freedom*, In
     Philosophy of Technology, WILLEY Blackwell, 2014, p.716.

얽혀 있다.


## 존재 혹은 사태의 전모를 읽어낼 지혜가 필요하다

기술은 목적을 향해 오직 직선으로 움직이고자 한다. 오직 더 효과적이고 더 생산적이며, 더 합리적인 결과를 도모한다. 그로써 그 이전의 인공물과 디자인을 끊임없이 퇴물이나 고물로 만든다. 기술이 하는 일이란 자연을 강요해 자연 속에 있는 것을 끄집어내는 일이다. 그것을 인간의 욕망에 따라 합리적으로 구성한다. 심지어 현실화되지 않은 인간의 (잠자고 있는) 욕망마저 깨우고 닦달해 소비 엔진으로 삼는다. 그리하여 기술의 틀에 붙잡혀 있는 한 우리는 끊임없이 신기술을, 신제품을, 새 디자인을 선호할 수밖에 없다. 그리고 그로써 지금의 기술과 제품과 디자인을 폐품 처리한다. 그러므로 기술 시대에 우리에게 필요한 것은 기술의 틀 바깥으로 나가는 일이며, 그로써 기술적 현상이 출현하는 사태의 전모를 파악하는 일이다.

보이는 것에는 반드시 보이지 않는 것들이 있다. 우리 앞에 놓인 것이 무엇이든 우리는 그것을 주어진 시간에 단 하나의 지점에서 바라볼 수밖에 없기 때문이다. 우리가 경험할 수 있는 것은 칸트가 『순수이성비판Critique of Pure Reason』에서 논술했듯 시간과 공간 속에 주어진 '현상'이지 결코 '사물(사태)' 그 자체일 수 없다. 우리가 할 수 있는 것은 주어진 것에 경험과 인식의 차원에서 다각적으로 접근함으로써 전모에 가까이 다가가는 것뿐이다. '미디어가 곧 메시지'라는 진술로 유명한 맥클루언M. McLuhan의 미디어 4법칙은 기술이 드리우는 그림자를 볼 수 있게 한다.

맥클루언의 미디어 4법칙은 다음과 같은 네 가지 질문들로 구성된다.[8]

1) 향상Enhancement: 인공물artefact[9]은 무엇을 향상하거나 강도를 높이거나 가능하게 하거나 가속하는가? 2) 구식화Obsolescence: 새로운 것에 의해 밀쳐지거나 구식이 되는 것은 무엇인가? 3) 재생Retrieval: 새로운 것에 의해 그와 동시에 이전 행동들이나 서비스들에서 복구되는 것은 무엇인가? 4) 역전Reversal: 새로운 것이 극단에 이를 때 반전될 잠재성은 무엇인가? 여기서 흥미로운 것은 앞의 두 가지, 곧 '향상'과 '구식화'가 명백히 나타나는 일종의 그림에 해당한다면 뒤의 두 가지, 곧 '재생'과 '역전'은 그와 달리 일상적 눈으로는 보이지 않는 일종의 배경에 해당한다는 점이다. 자동차의 출현은 프라이버시를 '향상'하면서 말과 카트를 '구식으로' 만든다. 그리고 그 이면에 '번쩍이는 갑옷 기사'를 '부활(재생)'시키고 교통 체증이라는 '역전'을 잠재적으로 내포한다. 약(진정제)은 즉각적 제거로 고통을 이기도록 하면서(향상) 증후들을 (구식으로) 몰아내고, 태아의 안전감을 '재생'해 치료가 일상이 되도록 만든다(역전). 냉장고는 광범위한 음식을 가용하게 해주면서(향상), 짜고 간친 건조 식품을 몰아낸다(구식화). 요리사와 부양자의 레저를 안겨주고(재생) 맛과 질감을 동질하게 만든다(역전).

---

8  Marshall and Eric McLuhan, *Laws of Media: The New Science*, University of Toronto Press, 1992.

9  여기서 '인공물(artefact)'은 생존할 뿐 아니라 삶을 (더 낫게) 영위하기 위해 인간이 (자신의 기술로) 만든 모든 매체를 일컫는 것으로서 언어, 법, 제도, 테크닉 등을 포함한다.

## 예술은 기술의 틀을 부순다

예술도 기술이다. 기술처럼 숨겨진(잠재된) 것을 드러낸다. 그런데 예술은 그러한 작업을 효율성과 생산성에 따라 가차 없이 수행하는 기술과 달리, 사물이나 자연이 자신을 드러내도록 그럴 뿐 아니라 그와 동시에 그로써 물러서고 숨는 것 또한 보이도록 한다. 하이데거에게 예술은 (전면에 나타나는) 세계와 (배경으로 물러나는) 대지 간의 쟁투다. 예술은 '보이는 것 때문에 보이지 않게 되는 것'을 보이게 함으로써 기술의 틀을 벗어날 수 있게 한다. 영국 화가이자 문필가 루이스Wyndham Lewis는 예술의 역할을 "기술들에 '적응'함으로써 부가되는 로봇의 지위로부터 인간을 해방시키는 것"이라고 했으며, 랭보는 예술가가 해야 할 일은 "우리의 능력들을 온전하게 인식하도록 일깨움으로써 평형과 항상성의 노예를 뒤집는 것, 모든 감각을 무질서하게 만드는 것"이라고 했다. 들뢰즈에게 예술은 보이지 않는 것을 보이게 하는 것이다. 이세돌을 무참히 꺾은 알파고를 상대로, 인간의 바둑 지식 없이 독학으로 익혀 전승全勝을 거둔 알파고제로가 보여주듯 놀라운 발전의 속도로 우리를 육박해 오는 기술 시대에 예술이 (어느 때보다 더 절실하게) 필요한 것은 바로 그로써 우리가 기술의 틀을 벗어날 뿐 아니라 기술의 틀 밖에서 기술을 반성적으로 다룰 수 있는 여지를 마련할 수 있기 때문이다.

예술은 기술이 영구히 퇴물로 처리해버린 것들을 복구해 새로운 생명을 부여한다. 엘리엇T. S. Eliot은 자신의 『전통과 개인의 재능Tradition and the Individual Talent』에서 이렇게 말했다. "호머Homer로부터 지금까지 모든 예술은 동시적simultaneous 질서를 형성했다. 그 질서가 새로운 경험에 의해 영원히 자극되고 새로워지고 복구된다."[10] 건축가 헤이덕은 자신의 논설 「시간을 벗어나 공간으로Out of Time into Space」의 첫 문장을 이렇게 썼다. "예술은 정확한 연대기적 순서에 기이한 불손을 보인다. 그것은 역사가의 온당성의 감각과 숨바꼭질 하며 시간 틀 앞뒤로 뛰어다닌다."[11] 시간을 벗어난 예술가의 공간적 상상력을 맥클루언은 '청각적 상상력auditory imagination'이라 부른다. 주어진 사태를 한 지점에서 그림과 배경으로 나누는 시각이 아니라 모든 곳에 열려 있는 청각의 상상력을 지닌 자에게 "구식obsolescence은 어떤 것의 종말이 아니라 미학의 시작이며, 취향과 예술의 요람이며, 웅변과 슬랭의 요람이다. 폐기된 클리셰 문화 무더기와 구식으로 처분된 형태가 모든 혁신의 모체다."[12]

### 기술에게 던져야 할 또 다른 중요한 질문들

지혜의 사랑인 철학은 경이wonder로써 시작된다. 자신이 모른다는 사실을 안 소크라테스는 오직 물음을 통해 지혜에 다가서려 애썼다. 지혜는 달리 말해 묻는 데 있다는 것이다. 맥클루언의 '미디어의 4법칙'은 기술이 어떤 더 좋은 것을 드러냄으로써 무엇을 가리고 있는지 묻는다. 그리함으로써 우리가 기술의 틀을 벗어날 수 있게 하고, 기술에서 뒤쳐진 것들과 기술적이지 않은 것들을 다시 돌아보게 한다.

그런데 맥클루언의 질문들만큼이나 혹은 질문들보다 더 중요한 질문들은 이것이다.

---

10  Marshall and Eric McLuhan, 앞 책, p.102.

11  John Hejduk, Mask of Medusa, ed. by K. Shkapich, Rizzoli, 1985, p.71.

12  Marshall and Eric McLuhan, 앞 책, p.100.

1) 이 특정의 신기술로써 누가 혜택을 누리며, 누가 손해를 입는가? 하버드대 케네디공공정책대학원 대니 로드릭 교수는 이렇게 썼다. "공적 조치가 필요한 두 번째 영역은 기술 변화의 방향이다. 자동화와 인공지능 AI 같은 신기술은 일반적으로 노동력을 대체해왔고, 특히 저숙련 노동자에게 악영향을 미쳤다. 하지만 미래에도 이런 일이 이어질 필요는 없다. 의도하지 않게 노동력 대체 기술을 촉진하는 정책 대신 정부는 저숙련 노동자들의 일할 기회를 확대하는 기술을 촉진할 수 있을 것이다."[13]

2) 그로써 공동체(국가, 사회, 인류)는 어떤 변화를 겪는가?

3) 그로써 어떤 부작용을 초래하는( 것으로 예상할 수 있는)가?

(『건축평단』, 2019 봄)

13 대니 로드릭, 「O좌파의 선택」, 한국일보, 2019. 02. 11.

미사동, 서울(2005년)

# '(케이)팝 아키텍처'를 위한 소고

현대 예술은 근본적으로 팝 아트다. 혹은 팝문화의 아트다. 현대 세계의 중심은 대중이며, 예술은 그것을 둘러싼 세계와 관계(해야)하기 때문이다. 그런데 희한하게 현대 건축은 '팝 아키텍처'라 부르지 않는다. 현대 건축 또한 대중(과 대중 매체)의 힘에 사로잡혀 있지만, 아키텍처는 아트와 달리 현실에 다른 여지없이 붙잡혀 있기 때문이다. 금권이 지배하는 생활 세계로부터 (약간이라도) 거리를 확보하기가 거의 불가능해 화가처럼 자신이 표현하고 싶은 생각이나 느끼는 감각을 표현하기 어렵기 때문이다. 다른 분과나 다른 문화도 응당 그렇지만, 건축(가)은 오직 건축을 위해 운신할 수 있는 여지room가 있어야 건축의 특정성을 유지할 수 있다. 환상이든 상상이든 착각이든 적어도 그 여지를 믿지 않고서는 건축이 성립하지 않는다. 건축을 지식(기술) 서비스 업종으로, 건축가를 서비스 제공자로 간주하는 사람은 건축을 '다만' 생계를 이어갈 기술, 곧 돈이나 명예 수단으로 삼을 뿐이어서 우리는 그를 건축업자라 부른다.

지구적 상황도 그렇지만, 우리 주변에 '팝 아키텍처'라 부를 만한 것을 찾아보기 힘든 것은 다른 이유도 크게 한몫 한다. 건축은 다른 예술(과 기예)에 비해 무겁고 느리다. 아이디어가 실현되는 시간도 오래 걸리지만, 실천 형식의 관성을 바꾸기가 매우 어렵다. 끊임없이 새로운 것을 탐색하기보다 학습된 것을 익히는 것이, 익혀서 숙성시키는 것이 건축가의 일차 과제이기 때문이다. 대부분의 건축가는 머리(나 가슴)보다 (생각하지 않는) 손에 자신의 건축을 기탁한다.


## 1. 포퓰리즘

영국 정치인 패러지Nigel Farage가 "포퓰리스트 쓰나미"라고 했듯 '지금 여기' 세계는 포퓰리즘이 대세를 이룬다. 암스테르담대 정치사회학 교수 로다인Matthijs Rooduijn은 이렇게 썼다. "포퓰리즘은 섹시하다. 특히 2016년 그러니까 브렉시트 투표와 도널드 트럼프 선거의 해 이후 저널리스트들은 그 말이 아무리 해도 부족하다. 1998년 『가디언Guardian』은 포퓰리즘이나 포퓰리스트라는 용어를 포함한 기사를 300여 개 출판했다. 2015년 그 용어는 1000여 개 기사에 쓰였으며, 일 년 후 그 숫자가 거의 2000으로 갑절이 되었다."[1]

포퓰리즘 기세 탓인지 몇 년 전 건축 역사가들은 건축과 대중 문화 간의 관계를 다뤘다. 2013년 4월에 열린 연례모임에서 건축사학협회Society of Architectural Historians는 "아키팝Archi·Pop"이라는 제목의 세션을 가졌고, 거기 나온 결과물들을 그 이듬해 『아키팝: 대중문화를 중재하는 건축Archi·Pop: Mediating Architecture in Popular Culture』이라는 제목의 책을 출판했다. 건축계로서는 매우 이례적인 일이다. 코넬대에서 건축사를 가르치는 편집자 라산스키Medina Lasansky는 이렇게 썼다. "95퍼센트의 건조 환경이 '소문자 건축'이라는 현실인데도 대중 문화는 건축 담론의 불편한 영역이다. … 세션에서 명백했던 것은 건축과 대중 문화의 연관성에 대한 탄탄한 대화가 필요하다는 것이다."[2] '팝 아트'라는 용어가 일반화

의 수준을 넘어 거의 김빠진 맥주처럼 생기를 다 잃은 시점에도 한국뿐
아니라 심지어 팝문화의 고장인 미국에서도 '팝 아키텍처'는 여전히 불
편한 상태다.


## 2. 팝 아키텍처의 몇 가지 역사적 선례

'팝 아키텍처'란 무엇인가? 백과사전[3]은 팝 아키텍처를 이렇게 규정한
다. 1) 대중에게 인기 있는 건축. 2) 신발처럼 생긴 신발가게처럼 형태
가 기능을 제시하는 건물. 그리고 건축 규칙에 어긋난 기이한, 프로그램
적인 혹은 노상(길가)의 건축. 예컨대 벤투리Robert Venturi는 미국에 흔
한, 크게 빛나는 광고판의 '자동차 풍경' 건축을 팝 아키텍처 범주에 포
함했다. 3) 팝 아키텍처에 의해 영향을 받았거나 하이테크와 아키그램
Archigram이 조장하는 이미지에 반응하는 작품.

여기서 우리는 팝 아키텍처에 대해 적어도 두 가지 사실을 파악해낼 수
있다. 첫째, 팝 아키텍처의 역사적 기원은 아키그램과 벤투리다. 둘째,
팝 아키텍처와 팝 아트는 거의 같은 시점에 출현했다. 아키그램과 벤투
리가 모더니즘 건축의 엘리트주의에 맞서 대중(의 삶)과 호흡하는 건축
을 제시한 것이 1960년대이니 팝 아키텍처의 출현은 팝 아트와 거의 동

---

1   Matthijs Rooduijn, *Why is populism suddenly all the rage?*, The Guardian, Nov. 20-2019.
    https://www.theguardian.com/world/political-science/2018/nov/20/why-is-populism-
    suddenly-so-sexy-the-reasons-are-many

2   Medina Lasansky(ed), *Archi.Pop: Mediating Architecture in Popular Culture*, Bloomsbury
    Academic, 2014.

3   www.encyclopedia.com

시적이라고 할 수 있다. 팝 아키텍처는 왜 팝 아트와 달리, 현대 건축의 대세를 이루지 못했는가? 그에 대한 답변은 건축의 특이성에서 찾을 수밖에 없다. 건축은 미술과 달리, 상업 자본의 물적 토대, 인허가 문제와 연관된 관료 행정, 비숙련 노동자, 기술 등 현실 세계에 단단히 착종해 있을 뿐 아니라 미술 특히 언어에 비해 비할 수 없을 정도로 무겁고 느리다. 게다가 20세기 초 출현한 현대 건축 거장Master Architect들(과 그들을 떠받치는 기디온과 같은 역사가 혹은 이론가들이 결속해 진수한 '현대 건축 운동')의 영향이 유례없이 막강했다. 그리하여 젠크스Charles Jencks는 '현대 건축 사망'을 선언했는데도 현대 건축은 지금까지 거장들의 건축의 자장磁場을 온전히 벗어난 적이 없다. 한국은 서구에 비해 특히 더 그렇다. 한국은 여전히 모더니즘 건축이 지배적이다. 이러한 결과로 팝 아키텍처를 실천은커녕 탐구하는, 더 줄여 언급조차 하는 이를 찾기 어렵다. 건축은 한마디로 생활 세계의 체제에 지나치게 순응적이다.

## 아키그램과 프라이스Cedric Price

아키그램은 1961년 런던 AA에 기반을 둔 여섯 명의 건축가[4]가 기성既成 건축에 맞서 반항적 활동을 개시한 아방가르드 건축 집단이다.『건축 전보architectural telegram』라는 신문을 창간하고, 그것의 축약어를 집단의 이름으로 채택한 '매우 젊은'[5] 건축가들은 신新미래주의적, 반反영웅적, 친親소비주의를 표방하며 거장 건축가들이 주도한 모더니즘 건축에 정면으로 반기를 들었다. 놀랍게도 건축을 '소비재消費財'로 환원한 쿡Peter Cook은 이렇게 일갈했다. "사전事前에 포장된 냉동 음식은 팔라디오보다 더 중요하다." 워홀이 예술에서 한 것을 쿡이 건축에서 행한 셈이다. 이로써 건축은 폐기 처분할 수 있는 상품으로 탈바꿈한다. 건축은 기념해야 할 사물이기는커녕 이제 패션처럼 사용 연한에 구속되는 잠정적 사용물로서 "건축은 영원을 목표로 한다."는 렌 경Sir Christopher Wren의 정통적 입장을 구태로 내몬다.

영향력 있는 선생이자 건축 저술가인 영국 건축가 프라이스Cedric Price 또한 같은 해에 지금의 밀레니엄 돔, 런던 아이, 퐁피두 센터 등 새로운 현대 건축의 영감의 원천인「펀 팰리스Fun Palace」계획안을 발표했다. '호모루덴스(놀이하는 인간)'를 위한「펀 팰리스」는 사용의 필요, 곧 봉사해야 할 목적이 소멸되면 변형하거나 허물어야 할 '잠정적' 건축이다.[6] 팝 아트가 융성한 곳이 그것의 발원지인 영국이 아니라 미국이듯 팝 아키텍처 또한 미국에서 꽃을 피웠는데 그 씨를 퍼트린 이는 커플 건축가 벤투리1925~2018와 스콧브라운Denise Scott Brown, 1931~ 이다.


## 포스트모더니즘의 선구자 벤투리(와 스콧브라운)

모더니즘 거장 건축가 미스의 경구 "Less is more."에 "Less is a bore."라는 말로 대꾸한 건축가 벤투리는 그로써 포스트모던(팝) 아키텍처를 전

---

4    Peter Cook, Warren Chalk, Ron Herron, Dennis Crompton, Michael Webb and David Greene. 디자이너 크로스비(Theo Crosby)는 집단 배후의 "숨겨진 손(hidden hand)"이었다.
5    아키그램을 대표한 쿡은 이때 한국 나이로 스무여섯 살이었다.
6    건축가들은 자신이 세상을 바꿀 수 있다는 능력을 과대평가 하는 까닭에 프로젝트를 볼 때에는 짓지 않을 아이디어를 고려해야 한다고 믿은 프라이스는 건물 짓기의 필연성을 느슨하게 하기 위해 영국건축가협회(RIBA)에 적극 로비해 건축가가 짓지 않을 것을 제안할 수 있도록 했다.

세계에 퍼트렸을 뿐 아니라 '포스트모던'이라는 용어를, 건축을 넘어 문화와 학문의 영역 전반으로 확대한 역사적 인물이다. 그가 '점잖은 선언문'으로 펴낸 『Complexity and Contradiction in Architecture』1966와 그의 파트너 스콧브라운과 공저한 『Learning From Las Vegas』1972는 현대 건축의 새로운 장을 여는 데 결정적 영향을 끼쳤다. 첫 번째 저서는 건축 역사가 스컬리Vincent Scully가 서문에서 "르코르뷔지에의 『새로운 건축을 향하여』1923 이후 건축 만들기에 관해 아마도 가장 중요한 저술"이라고 썼다. 그런데 팝 아키텍처의 관점에서는 두 번째 저서가 훨씬 더 논쟁적이며 직접적이다. 제목만으로도 그것이 얼마나 혁명적인지 충분히 알 수 있다. 라스베가스라는 도박(상업) 도시를 건축 탐구의 대상으로 삼은 것도 그렇지만, '~에서from'라는 표현이 가리키듯 벤투리와 스콧브라운[7]은 건축의 근원을 생활 세계에 둔다고 선언하기 때문이다. 건축가나 건축 아카데미(의 이념이나 가치), 곧 '위로부터'가 아니라 대중의 삶, 곧 '밑으로부터' 건축을 짓겠다는 것은 실로 건축 역사의 흐름을 반전시키는 혁명적 선언이다. 건축가가 형식과 질서를 부여해야 할 '비非건축 혹은 반反건축적인' 일상의 공간을 건축가가 도리어 배워야 할 규범으로 삼는다는 것은 수천 년을 이어온 서구 건축의 역사에서는 상상할 수 없는 위반이며, 스캔들이자 반란이다.

벤투리와 스콧브라운이 대중의 일상 공간을 끌어안게 된 것은 미국 사회의 문화적 변화 때문이다. 1950년대와 1960년대 미국 사회는 소수 문화, 대중 문화, 대항 문화, 팝 아트, 상업 건축과 간판, 그리고 '그 자체가 예술로 간주되는 사진' 등 기성 문화와 전적으로 다른 경향을 누구나 감지할 수 있었다. 그리하여 팝 아키텍처가 대중 매체의 관심사로 부상

했다. 『뉴욕타임즈』1964는 "팝 아키텍처가 여기 머문다."는 제목으로 건축에서 예술의 민주화가 실제로 발생했으며, 그것은 "대중 소비뿐 아니라 대중 취향"을 나타낸다는 내용의 기사를 실었다. 흥미롭게도 팝 아키텍처를 우려하는 다음의 논평은 팝 아키텍처의 핵심을 건드린다. "팝 아키텍처는 조롱할 수 있을지는 몰라도 묵살할 수 없다. … 팝 아트는 범인들에게 충격을 주지만 팝 아키텍처는 그렇지 않다. 이것이 모든 논평 중 아마 가장 끔찍한 논평일 것이다."[8]

## 최초의 팝 아키텍트 주창자, 하스켈Douglas Haskell

최초의 팝 아키텍처 주창자는 하스켈[9]이 아닐까 싶다. 오늘날 거의 익명으로 남아 있는 그는 블레이크Peter Blake가 존경한 건축 비평가이자 『아키텍처포럼Architecture Forum』의 편집장1949~1964으로 당대의 디자인 저널리즘을 주도한 인물이다. 그는 특히 "구기 아키텍처Googie Architecture"

---

7   라스베가스는 벤투리가 아니라 남아프리카에서 아동기의 삶을 산 스콧브라운이, 교수들의 조언에 따라 바스베가스를 혼자 먼저 방문해 사진 작업을 한 후 벤투리를 합류시켰다. 예일대에서 책 제목의 이름으로 공동 스튜디오를 주도했다. 그런데 그 당시 미국을 포함해 서구는 성차별이 공적 공간에 깊이 뿌리내린 탓에 스콧브라운은 자신을 '그림자 존재'로 처신할 수밖에 없었다. 스콧브라운은 1970년대에 『Sexism and the Star System in Architecture』를 집필하고서도 그것을 1989년이 되어서야 출판했으며, 프리츠커상도 1991년 벤투리 혼자 수상했다 (그후 일군의 여성 건축가들이 스콧브라운의 이름을 수상자로 올리려고 항의하며 애썼지만, 심사위원들은 거부했다).

8   *Pop Architecture Here to Stay*, New York Times, 1964.

9   예일대, 하바드대, 콜롬비아대, 프랫대 등에서 가르친 하스켈은 개인적으로 그리고 전문가로 당대를 주도하는 사상가와 건축가들과 교류했다. 거기에는 바우어(Catherine Bauer), 그로피우스(Walter Gropius), 그루엔(Victor Gruen), 모홀리나기(Sibyl Moholy-Nagy), 멈포드(Lewis Mumford), 노이트라(Richard Neutra), 스타인(Clarence Stein), 라이트(Frank Lloyd Wright) 등이 포함된다.

라는 용어를 창안하고 퍼트린 것으로 유명하다. 적어도 1937년 이후 출현한 미국의 새로운 가로 풍경에 날카롭게 주목하며 건축 전문가와 비전문가 간의 미학적 차원의 소통의 단절을 메꾸고자 애썼다. 그는 애초에 건축가의 에고를 격려하는 입장을 취하다가 1952년 제이콥스Jane Jacobs를 고용하면서 편집의 방향을 완전히 바꾸었다. 기성 문화에 도전하는 논평으로 패션의 흐름을 껴안았다. 하스켈은 이렇게 썼다. "미국은 패션이 집단적으로 변하는 땅이다. 헐렁한 드레스와 긴 자동차가 진실로 그러하다면 건축은 왜 그것이 진실일 수 없겠는가?"

하스켈의 논쟁적 에세이 『Architecture and Popular Taste』1958는, 미국 대중의 저속한 취향을 혹평한 미술사가이자 건축사가인 펩스너Nikolaus Pevsner를 포함해 여러 비평가에 맞서 팝 아키텍처를 옹호한 일종의 '선언문'이다. 그는 그들이 비난하는 무지한 상업주의의 산물을 도리어 "대중적 상징과 환상의 생생한 구현"으로 수용해 거기서 대중의 세 가지 욕망을 가려내어 각각에 걸맞은 이름을 부여한다. 첫째는 장식적이고 낭만적인 '새로운 알함브라'이다. 스톤Edward D. Stone의 브뤼셀 미국 파빌리온과 야마사키Minoru Yamasaki의 디트로이트 소재 웨인대가 대표적이다. 둘째는 드라마적이고 상징적인 새로운 바로크 '구기'다. 스터빈스Hugh Subbins의 베를린 의사당과 사아리넨Eero Saarinen의 뉴욕 TWA 터미널이 대표적이다. 셋째는 재즈의 건축적 대응이자 더 새로운 리듬인 '홍키통크honky-tonk'다. 건물들이 사라져 새롭고 다른 종류의 건축적 장소가 열리는 밤 시간의 타임스퀘어가 전형이다.

## 3. 구기 아키텍처, 로트너John Lautner, 1911~1994

셋 중 '구기 아키텍처' 가장 잘 알려진 현존하는 구기 아키텍처[10]는 좀 더 살펴볼 필요가 있다. 그것은 당대 사람들이 즐겨 사용하고 살았던 건물의 전형이기 때문이다. 건축 역사가 헤스Alan Hess에 따르면 구기 아키텍처는 현대의 일상적 삶의 정신에 부응한 건축이다. 남부 캘리포니아의 건축은 다양하고 풍부하지만, 그 지역의 특징적 스타일이었던 '구기 아키텍처'는 2차 세계대전 이후 호황이었던 "자동차 문화의 충돌과 제트 시대 미래파"를 드러낸 건축으로서 그 중심에 건축가 로트너John Lautner, 1911~1994가 있다.

당대 "미국에서 가장 유명한 무명의 건축가"[11]이었던 로트너는 모더니즘 거장 건축가 라이트에게서 훈련받았다. 건축과 디자인 세계의 컬트 인물로서 종종 '건축가의 건축가'로 회자된다. 우리 시대의 세계적 스타키텍트 게리Frank Gehry를 포함해 수많은 저명 건축가는 그에게서 지속적 영향을 받는다고 언급했다. "땅과 하늘 사이"라는 타이틀의 〈로트너 건축전〉Hammer Museum, UCLA, 2008을 기획한 건축 역사가/저술가/큐레이터 올스버그Nicholas Olsberg에 따르면 로트너는 "일상을 숭고하게 하고, 숭고한 것을 일상화하기 위해 건축을 사용하는 법"을 아는 건축가다.

팝 아키텍처의 관점에서 흥미로운 점은 그의 건축을 대중과 전문가가 확연히 대조적으로 본다는 것이다. 대중은 그가 지어낸 건물들을 즐겁

---

10  잘 알려진 현존하는 구기 아키텍처로는 중국계 미국 건축가 왕(Gin Wong)이 설계한 〈엘에이 공항 테마 건물〉이 있다.

11  Medina Lasansky(ed), 앞 책.

게 소비하는 반면, 전문가는 혹평한다. 대중 매체는 극적인 곡선과 예각의 특징을 띤 로트너의 건물들을 '한결같이 널리' 애용한다. 그가 활동할 당시 Architectural Digest, House and Garden, Playboy, Town & Country, Vanity Fair 등 많은 대중잡지가 그의 건물을 지속적으로 소개했고, 그가 설계한 집들은 텔레비전 광고, 음악 비디오, 패션 사진, 웹과 출판 광고 등의 배경으로 종종 쓰였으며 Diamonds Are Forever, Body Doble, Less Than Zero, Lethal Weapon 2, The Big Lebowski, Charile's Angels 1 & 2, A Single Man, Iron Man 1, 2, 3 등 생존 당시뿐 아니라 그의 사후死後 지금까지 수많은 영화는 그가 만들어낸 공간을 로케이션으로 활용한다. 그에 반해 대부분의 전문 비평가는 아마 세상에서 가장 대중적이라고 할 수 있을 로트너의 건축을 (졸부의 쾌락주의 욕망에 영합해 죄책감 드는 쾌락을 제공하는) "최악의 형태의 키치"로 특징 짓는다. 팝 아키텍처는 키치kitsch인가? 팝 아키텍처가 키치가 아니라면 그것은 키치와 어떻게 다른가? 둘을 구분하고 구별하는 근거는 무엇인가?

## 4. 팝 아트와 키치

키치란 무엇인가? 그리고 그것은 어떻게 출현했으며 어떻게 이해해야 하는가? 이 질문들에 대해서는 엄밀하고 널리 동의하는 견해가 이미 확립돼 있다.[12] 그러니 여기서는 간단히 팝 아트와 키치의 차이에 대해 몇 마디만 언급하자. 예술을 사칭하는 (따라서 예술에 해로운)[13] 키치는 단박 알 수 있는 이미지로 밝고 긍정적인 감성만 제공한다. 키치란 쿤데라 Milan Kundera의 표현으로 "죽음을 떼어내기 위해 세운 접이식 막", "가

습의 독재", "존재에 대한 범주적 동의"로서 "모든 정치인과 정당과 정치 운동의 미학적 이상"이다.[14]

흔히 팝 아트는 예술과 키치의 경계를 허물었다고 생각하지만, 그것은 사실이 아니다. 팝 아트가 뻔한 이미지(키치)를 사용한다면 그것은 자의식적인 전복, 아이러니, 패러디, 반反예술 등을 위해 그리한다. 예컨대 워홀의 캠벌 스프 시리즈가 그렇듯 키치와 달리 쉽게 식별할 수 있는, 그리고 긍정적 감성만 촉발하지 않는다. 키치 이미지를 사용하는 팝 아트는 그로써 소비 사회에서 그것의 가정假定과 역할을 생각하게 한다. 그에 반해 키치는 어떤 질문도 허락하지 않는다. 간단히 말해 팝 아트는 아이러니 혹은 애매성으로 감성을 차단함으로써 해석을 요구한다.

## 5. 팝 아키텍처와 키치

팝 아키텍처는 앞에서 썼듯 팝 아트와 존재적 특성이 전혀 다르다. 건축의 일차적 현장인 건물은 (전시 가치를 지닌) 예술 작품과 달리 (전시 가

---

12  산업혁명의 산물인 키치는 어떤 맥락에서도 미학적으로 온당하지 않다. 키치의 개념 그 자체에 이미 경멸의 의미가 내포되어 있다. 그것은 키치의 개념이 출현한 이후 지금까지 변함없다. 철학 교수 쿨카(Tomas Kulka)는 키치의 정의를 세 가지로 제시한다. 1) 기존 감성들로 고도로 충전된 대상이나 주제를 묘사한 것. 2) 즉각적으로 손쉽게 식별할 수 있는 대상이나 주제를 묘사한 것. 3) 묘사한 대상이나 주제에 대한 연상을 풍요롭게 하지 않는 것. Tomas Kulka, *Kitsch and Art*, The Pennsylvania State University Press, 1996.

13  따라서 키치는 그것이 거짓이라고 인식되는 순간 더는 키치가 아니다.

14  따라서 존재의 토대에 따라 천주교/기독교/유대교 키치, 공산주의 키치, 파시스트 키치, 민주주의, 페미니즘, 유럽, 미국, 국가 키치 등 다양한 키치가 존재한다. 이런 점에서 범인류적 동포애는 키치의 토대에서만 가능하다. Milan Kundera, *The Unbearable Lightness of Being*, Harper Perennial, 1984.

치를 허락하지 않는) 현실로 존재하기 때문이다. 따라서 팝 아키텍처는 키치로 전락하지 않기 위해 무엇보다도 우선 삶으로부터 떨어져야 한다. 삶으로부터 거리를 만들고, 그리고 그 거리를 유지하지 않으면 곧바로 키치로 전락하기 때문이다. 포스트모던 건축은 그 점을 간과했다. 그리하여 앞에서 인용한 『뉴욕타임즈』의 논평처럼 "팝 아트는 범인들에게 충격을 주는 팝 아트와 달리, 팝 아키텍처는 그렇지 않다."는 가장 끔직한 논평을 초래한다. 그러므로 팝 아키텍처는 아방가르드이거나 시적인 것으로 나타날 때 비로소 팝 아키텍처가 될 수 있다. 아키그램의 대표 건축가 쿡의 작품 〈그라츠 미술관〉2003과 건축가 헤이덕의 후기 작업이 전범이다.


## 6. 팝 아키텍처의 새로운 장, 헤이덕의 건축

불레Étienne-Louis Boullée와 르두Claude Nicolas Ledoux의 '말하는 건축 architecture parlante'을 시의 차원에서 계승한 헤이덕은 주로 후기 작업에서 "현대 이전의 재현과 현대의 표현을 포스트모던 비틀기Verwindung로 융합"[15]함으로써 팝 아키텍처의 새로운 장을 열었다. 20세기 현대 건축의 기능주의, 형식주의, 표현주의를 선취한 르두를 토대에 삼아 거기에 알레고리와 표현과 연극성의 차원을 끌어들임으로써 모더니즘과 포스트모더니즘의 경계를 점유한다. 예컨대 〈자살자의 집〉, 〈자살자의 엄마의 집〉, 〈Object/ Subject〉, 〈Studio for a Musician/ Widow's House〉, 〈House of the Painter/ The Old Farmer's House〉, 〈House for the Homeless〉 등이 그러하다. 그는 그로써 "사회에 대해 그리고 그 안에서 건축의 역할에 대해 숙고의 상태, 곧 시작도 없고 끝이 없는, 그리고 논리적 진행을 거부하고 그 대신 진리 혹은 의미의 주변을 빙빙 돌지만, 결코 그것을 특정하지 않은 채 무수한 우회와 탈선을 취하는 비판적이고 거리 둔 숙고"로 우리를 인도한다.


## 7. 케이팝 아키텍처?

지구적 차원이든 한국의 상황이든 우리 당대 건축의 큰 결손은 팝 아키텍처의 부재다. 혹은 지극히 미미한 존재감이다. 팝 아키텍처는 세계의 유일한 비무장지대de-militerized zone를 지닌 케이팝의 나라 한국이 건축으로 일구어낼 수 있는 건축비무장de-architecturlized zone지대다. 김광수, 아파랏·체, 김효형은 각기 다른 방식으로 그 가능성을 보여준다. (『건축평단』, 2019 가을)

---

15  Detlef Mertins, *The Shells of Architectural Thought*, In Hejduk's Chronotope, Princeton Architectural Press, 1996.

## 건축 십계명

초판 1쇄 발행 2021년 6월 28일

글 　　 이종건
사진 　 김재경

편집 　 김유정
디자인 　피크픽(peekpick)

펴낸이 　김유정
펴낸곳 　yeondoo
등록 　　2017년 5월 22일 제300-2017-69호
주소 　　서울시 종로구 부암동 208-13
팩스 　　02-6338-7580
메일 　　11lily@daum.net
ISBN 　 979-11-970201-9-3  03540